寻找生活——环球风格阅览

地中海沿岸地区

GLOBAL STYLE

古罗马的荣光

目录

目录

Portugal 葡萄牙

◤ 精美的石雕装饰是葡萄牙人常用的装饰手法。

葡萄牙位于欧洲西南部的伊比利亚半岛，唯一的邻国是西班牙。其国土面积狭长，地势背山面海，北部为梅塞塔高原，中南部为山地和丘陵，由东北向西南逐步倾斜为和缓的平原，西、南两面濒临大西洋。浩瀚无垠的大海为葡萄牙带来温和舒适的海洋性气候，冬季温暖多雨，夏季晴朗干燥、阳光明媚，非常适合葡萄的生长。葡萄牙的名字正是来自 port，在拉丁语里意为“温暖的港口”。在太加斯河和多罗河岸边，随处是起伏的梯田，青翠宜人的葡萄园及橄榄林迤逦而来，景色十分美丽。

葡萄牙风格是属于水手的——透过重重海浪和波尔图红酒的模糊光影望去，美丽的葡萄园也会带上了些许乡愁

◤ 会客室的墙壁上装饰着大量的连续性瓷砖宗教画。

◢ 室内搭配着古典的硬木家具，正是独一无二的葡萄牙风格。

的味道，有点忧郁，但更多的是简单的勇气和执着的坚持，如同这个民族深入血液的布道和冒险情结：它们或许蛰伏，但绝对不会消失，往往在不经意间便如惊鸿一瞥灵光乍现，让世人为之沉醉倾倒。复杂的历史文化传承和开放的海洋性民族性格必然造就出丰富多彩的建筑艺术，它最独特的地方，就是混合。葡萄牙典型的建筑风格是由欧洲与阿拉伯混合而成的摩尔式：阿拉伯式的庭院，搭配哥特式的局部结构，并辅之以大量的螺旋、旋转、盘旋等结构式装饰手法。此外，巴洛克、文艺复兴、新艺术、折中主义等艺术风格也在这片土地上得到了天衣无缝的交融，展示出葡萄牙独特优美的建筑风貌，其中尤以首都里斯本、古城孔布拉、酒市波尔图，以及被诗人拜伦赞美为“地上伊甸园”的度假胜地辛特拉为荟萃之地。

里斯本传说是希腊神话英雄尤里西斯创建的“海神之城”，历经战乱和自然变迁的沧海桑田，一砖一瓦都见证着葡萄牙的历史。16世纪时，国王曼努埃尔一世（Manuel I，1495—1521年在位）为庆祝发现新印度航路而大兴土木修建的热罗尼莫斯修道院，展示了葡萄牙标志性的曼努埃尔

式建筑特征：双层回廊，上层为哥特式，下层为文艺复兴式，由回廊展望阿拉伯样式的方形中庭。当时葡萄牙的船只遍布全世界，这为葡萄牙的建筑师带来了各种各样的风格和元素。你可以在曼努埃尔式的建筑中找到亚、非、欧和南美的风格，所以后人又称曼努埃尔风格为“大海风格”。曼努埃尔风格作为葡萄牙海上大帝国的产物，不可避免地随着帝国的衰落走向没落。但它留下的华美绝伦气势磅礴的建筑将永远记载曾经海上霸主的辉煌。位于大西洋岸边的贝伦塔，建于1515—1521年间，葡萄牙航海家们在出海之前，都会来到这里登上塔顶，再看一眼美丽的故乡，然后踏上遥远漫长的旅途。如今这座建于15世纪的融合多种建筑风格的建筑，已经成为葡萄牙的标志性建筑，它承载了葡萄牙过去的辉煌和曾经的荣耀。贝伦塔结构上堪称葡萄牙文艺复兴式代表性建筑，外观雕刻装饰则体现出深刻的回教文化影响。同样显示了阿拉伯人统治烙印的还有气势恢弘的圣乔治城堡，精巧的摩尔式城墙和炮台轻易就能让人回想起当年城市的盛况。

有1000多年历史的“酒市”波尔图则另有一番特色，更为古色古香也更生活化，这座因为美酒和贸易而繁盛的城市建在绵延起伏的丘陵上，在这里放眼便是蔚蓝的大西洋，古老雅致的栋栋白屋，屋顶以红瓦铺就，外墙上装饰着有漂亮图案的瓷砖，精致小巧的阳台上盛开着各色鲜花，绘满了彩画的玻璃窗在明媚的阳光下变幻闪烁，曲折狭窄的石板路穿梭在城中，柔和的粉红、地中海黄和属于波尔图酒的暗紫色构成了城市建筑的主色调，屋前屋后芳草萋萋，树木葱郁，繁花似锦，修剪整齐的几何式花园正体现

◤ 整幅墙壁用瓷砖铺就是葡萄牙标志性的装饰元素，宽裕的面积让瓷砖图案也格外丰富。

◥ 墙面的装饰画展现出典型的热带风格，正是葡萄牙人游历四海的写照。

◣ 精美的廊饰，绘有详细的生活场景，来自摩尔人的建筑风格。

◢ 琳琅的厨具挂成一排，流露出主人对生活艺术的热爱和独特表达。

出葡萄牙人享受生活的独特方式。

有欧洲最古老的大学城之称的孔布拉的建筑堂皇典雅，更为贴近欧洲本土风格，是文艺复兴时期巴洛克样式的典范。著名的孔布拉大学图书馆全部以大理石建造，屋顶有将近5米高，分为上下两层，房屋采用拱状结构，内墙和天花装饰有优美繁复的壁画，豪华木造贴金箔的书架更显出贵重的气势，各式挂毯和瓷砖画装点，反映了宗教、战争和历史的主题，有着一份来自深厚文化底蕴的、内敛的华丽感觉。

历史悠久的王室度假胜地辛特拉，是位于茂密森林中的古老山城，历代葡萄牙国王均选择在这里修建自己的梦幻宫殿。这一景色以巍峨的山势作为倚托，并掺杂着淡淡的花香。目不暇接的辉煌建筑互相映衬，各种建筑风格融汇一处，有摩尔人式、哥特式、穆迪扎尔式、曼努埃尔式、巴洛克式和意大利式等，尤其以独特的室内主题装饰而闻

◥ 厚重而具有质感的石材让居室有种朴素的贵重气质。

◢ 墙面以上釉的青花磁砖装饰，清爽宜人。

◣ 别致的拱廊结构流露出阿拉伯人独特的审美口味。

高大轩敞的大厅显示出奢华的宫殿气质。

手工精制的木制家具是典型的古典风格，华丽的螺旋装饰让简单的陈设柜变成了令人称叹的艺术品。

名：天鹅厅的天花板上描绘了27只形态各异的美丽天鹅，人鱼厅则完全用雕花的壁砖铺设而成。而仿修道院风格的潘娜宫外观朴素类似中世纪的城堡，以山红色的墙面为特色，内部装饰则同样汇集了多种风格，宗教功能和世俗功能完美结合，显示出强盛的海权王国特色。

在装饰材料方面，葡萄牙最为突出的特色是蓝花瓷砖：一种上釉的陶瓷砖，一般为白地蓝花，图案丰富，涉及宗教传说、历史故事、风土人情、自然风光等，尺寸和规格也非常多样，被大量地用在室内和室外的墙面和地面装饰上。如果游览葡萄牙全境，就好比是参观一座鲜活的瓷砖博物馆。当置身于里斯本国家瓷砖博物馆，可深刻地体会到葡萄牙无所不在的瓷砖文化，反映着由远及近的历史、艺术和技术的革新历程。瓷砖画艺术最早由阿拉伯人传入葡萄牙，在伊比利亚文化进程中占有非常重要的地位。人们在烧制的砖石上绘制图案，再施以光亮的釉面，变成美丽的上光花砖。最初因为工艺复杂而价格昂贵，只在教堂、修道院、广场等公共建筑以及王宫和贵族的宅邸中才能见

家庭成员的肖像果然是最恰当的装饰品。

门的装饰仿照国王的皇冠，极尽奢华。

到，但后来这种装饰艺术日渐普及，成为葡萄牙随处可见的标志性装饰手法。

在材质方面，葡萄牙人喜爱用质地朴素的天然石材以及陶土烧制的砖瓦建造房屋，家具则选用当地特产的软木，由南美漂洋过海而来的巴西红木也广受欢迎。在色调选择上则偏爱柔和的天然色调，如粉红、粉黄、米白等，与典型明快的地中海色调相比，葡萄牙人的色彩多了几分忧郁斑驳，但依然有着近乎直率的纯美。此外，在细节装饰上，航海和宗教的主题也是葡萄牙人最为钟爱的元素：帆船、水手结、锚具、世界地图、圣经人物、十字架等都是频频出现在纺织品、瓷器、雕刻品上的图案和纹样，而代表殖民地的象牙、贵金属制品，以及各种异域风情的陈设品也是葡萄牙风格常见的构成元素。

Spain 西班牙

◤ 配色的灵感来自地中海甚至墨西哥，加之墙面的挂饰，使你在这里会有一种多重的欣喜体验。

西班牙位于欧洲西南部，与葡萄牙同处于伊比利亚半岛，东北部与法国及安道尔公国接壤，北濒比斯开湾，西邻葡萄牙，南隔直布罗陀海峡与非洲的摩洛哥相望，东和东南临地中海。它的领土还包括地中海中的巴利阿里群岛，大西洋的加那利群岛，以及在非洲的休达和梅利利亚。

80万年前，就有人类居住在伊比利亚半岛，据考古推测可能是非洲人在追捕猎物时穿越直布罗陀海峡或来自欧洲其他地区的猎人越过比利牛斯山来到这里并定居下来，被称为伊比利亚人。他们主要定居在地中海沿岸以及更往南的地区，在那里伊比利亚人创造了许多不同的文化。古希腊的历史中对其中最重要的一支有过记载，希腊人称他

们为“图尔多人”。他们是伊比利亚人的一个部落，在瓜达尔基维尔河流域建立了文化灿烂的王国。西班牙北部的阿尔达米拉洞穴留下的举世闻名的岩画生动地记载了原始人生活情况。公元前8世纪起，伊比利亚半岛先后遭外族入侵，长期受罗马人、西哥特人和摩尔人的统治。1492年，西班牙人取得了反对外族侵略的“光复运动”的胜利，1516年查理一世（Carlos I de Espana，1516—1556年在位，也是神圣罗马帝国皇帝查理五世）以特拉斯塔马拉家族的外孙资格继承卡斯蒂利亚、莱昂、阿拉贡、瓦格纳等国的王位，建立了欧洲最早的统一中央王权的共主邦联的国家。1837年伊莎贝尔二世（Isabella II，1833—1868年在位）在通过君主立宪的法案之后将其正式合并为一个国家，并决

阳光穿过细藤编成的阳光棚，在天蓝色的墙上刷上斑驳的纹路。古式的灯笼和抽象的雕像，皆是由废物利用的金属做成的。

起居室里，整片的墙涂抹上不均匀的紫灰色，像是在模拟灰泥的效果，暗蓝色的瓷砖则用来铺设地板，家具与窗框又使用了纯净的白色，这样的配色营造了不一般的视觉效果。

定用西班牙一词命名。1931年王朝被推翻，成立共和国，1939年佛朗哥（Francisco Franco，1892—1975）通过内战夺取政权，1947年宣布为君主国。

在风起云涌的当代建筑世界，西班牙人依旧有着宽广的胸襟和浪漫的才情，不管是敞开胸怀接纳弗兰克·盖里在比尔巴鄂设计的具有解构主义特征看似怪异的博物馆，还是本土建筑师圣地亚哥·卡拉特拉瓦在塞维利亚建构的理性却优雅的阿拉米罗大桥，西班牙人对新旧事物的热情一如他们的舞蹈一样，自由而奔放。回首整个西班牙的历史，一直包含着侵略与被侵略，征服与被征服，因此所谓的西班牙样式其实也是各个时代强势文化的融合，不仅在其本土，还包括其殖民地，西班牙样式都显得那么醒目和印记鲜明。地中海国家的建筑一般都以单纯、明快的色块来传递不同地域那种只能意会不能言传的微妙却丰富的情感和性格。西班牙建筑崇尚自然和淳朴的风格也同样影响着室内。大方格的陶砖，白色的墙面，原木的家具，深色的木框，几乎完全天然的材料配置手工地毯，使装饰在这里显得十分随意，不必费心考虑是否与主题一致。自然粗犷的材料使得空间有一种雕塑般的感觉，空间就像是从地面刻出来的一样。特别是在马洛卡岛上，传统的住宅室内风格与风力雕琢过的山谷洞穴，其墙上的泥浆涂抹得凹凸不平，搁架、壁炉、长凳经常镶嵌在墙里，像当地吹制的玻璃瓶子一样。在宽敞的厨房里，厨具根据需要减少到最低限度，整齐排列着长短不一的木制勺子，大理石菜板，石头做的洗槽和当地的瓷碗，这些用具不仅具有当地特有的强烈质感，也富有不受时间影响的特征。有时连橱柜也建造在墙壁里，

◤ 室内保持着原始的结构，尽管局促，但白色粉刷和充满情趣的木雕使其情趣盎然。

◣ 漂亮的楼梯构成有雕塑的感觉。

使得空间最大化，杂乱无章最小化。它把我们带到了更为简洁的时间和空间中，那么尽情地享受生活。

西班牙的卧室要比其他房间更舒适，其中纺织品最为重要，这是调和石材墙面、陶制地面粗犷冰冷感觉的重要工具。卧室中，床是中心，精致的刺绣棉布或薄纱从木制或铁制的窗杆上垂落下来，小块毛毯给卧室又增添了一份柔软的效果；地面用瓷砖和木板铺成，点缀在上面的小地毯为卧室增添了色彩和舒适感；平面编制的棉布沙发罩和菠萝麻纤维及其他植物纤维质地的地毯也是室内普通的装饰物，它们反映了多种传统风格的融合，有的图案复杂，散发着神秘色彩，有些仅仅有单一明快的色调，但同样效果不凡。

◥ 吸烟室由摩洛哥装饰元素构建：沙发上的枕垫，圆几上及墙上挂的铜灯，还有沙发对面玫瑰木的椅子。整片的土黄色墙壁上描绘着英国艺术家Gary Cook的饰画。

◣ 中国的瓷瓶里插着干花，桌面的摆放显示了主人丰富的经历。

浴室可以混用几种不同图案的瓷砖来营造出一种复杂却成熟的效果，防水墙或浴盆周围精美的伊斯兰风格图案，瓷砖边上可以用朴素的几何图案，地面砖与墙面可以有反差悬殊的镶边装饰，而水盆、淋浴器又可以是另一种做法，镶边和装饰瓷砖常常衬托出墙与地的色彩和图案，与浴室其他部分构成一个完整的视觉整体。

同时，西班牙人对旧建筑的改建与扩建也值得推荐。西班牙人早就知道房屋的装修必须注入现代元素才能满足当今功能的需求。新与旧的元素和谐共生最大程度保护了城市原有的风貌和精神特征。为了保留原有古老的建筑外观，同时又考虑到安全因素，建筑师在旧的宅门上镶嵌了玻璃，从室内你就可以清楚地看到室外景象，那川流不息的街景就像放电影一样，室内，哥特式的拱券、文艺复兴时期的壁画、现代简洁的台灯与家具形成了奇妙的对比。但是显然，这种对比有复合成新的魅力。同时，在西班牙一些现代公寓里，人们通过墙体和地面的颜色，古旧的家具和陈设，与地域和历史自然呼应，营造出的气氛就显得特别富有意韵和沉淀。

当然说到西班牙，有一位建筑师不得不被提及。安东尼奥·高迪（Antonio Gaudi Cornet，1852—1926），塑性建筑流派的代表人物，属于新艺术建筑风格。他曾就学于巴塞罗那省立建筑学校，毕业后初期作品近似华丽的维多利亚式，后采用历史风格，属哥特复兴的主流。作为用建筑表达思想的哲学家，高迪对西班牙传统建筑进行了解构，建筑就是雕塑，就是交响乐，就是绘画作诗。在这一思想指导下，高迪的风格既不是纯粹的哥特式，也不是罗马式

◤ 蓝色的浴室有着一面亮黄色的隔墙隔出淋浴区，徒手绘上的蓝色线条组成类似钻石的图案。

◥ 屏风上细褶边的纱幔被用在了台盆的柜体上，裸露的原木梁与草藤编织的矮凳面则显出十足的田园风貌。

◣ 风格独特的浴室被安置在一个抬高的区域，多层次的开放空间被合理地构建在了一起，沙砾的色彩代替了石灰水粉刷的墙及天花，令空间显得更为柔和。

◢ 这间房间体现的是非洲风格，从颜色、肌理及纹样上有明显的表示。

在这个带有阁楼的室内，沙发与麻质的地毯配合形成一个舒适温馨的空间。

或混合式，而是融合了东方伊斯兰风格、现代主义、自然主义等诸多元素，是一种高度“高迪化”了的艺术建筑，他拒绝在建筑物上使用直线，他认为直线是人为的，曲线才是自然的。高迪最偏爱的几何形体是圆形、双曲面和螺旋面。摈弃了彻头彻尾的直线设计，高迪用不同一般欧陆风格的建筑使巴塞罗那成为一座梦幻之城。他的主要作品有：巴塞罗那的神圣家族教堂（也称圣家族教堂，1883年始建至今仍在建设中），这是一座极有个性和感染力的建筑物，还有米拉公寓、巴特罗公寓、吉埃尔礼拜堂和古埃尔公园等，都无不成为西班牙被辨识的杰作。

马洛卡是很多艺术家的工作坊，在这里可以获得很多灵感。

法国

◤ 壁炉的框架以绘有鲜花图案的瓷砖装饰，圆弧形的线条和天花板的线条相互呼应。

法兰西的名字，也是由法兰克语而来，意为“勇敢的、自由的”。法国地处欧洲大陆的西端，国土呈六边形，三面临水：在西北部隔英吉利海峡和多佛尔海峡与英国相望，这里与英国的最窄距离仅 33 千米，是连接英国和欧洲大陆的最短海道。西部紧靠大西洋比斯开湾，东南部则濒临地中海；三面为陆地，与比利时、卢森堡、德国、瑞士、意大利、摩纳哥、西班牙等 8 个国家接壤。从展开的世界地图可以看出，法国正好处于世界陆地的中心地带，曾有地理学家以“世界上最少与世隔绝，最不闭塞”的国家来形容它，实在是贴切非常。

风格之于法国，似乎是与血脉和呼吸共容的一种存在，

它遍布于广场教堂，散落在宫殿园林。其实不必去细细追究它的渊源和流派，所有的都可以用“法国式”来一言以蔽之，又或者用路易十四风格、拿破仑风格、玛丽皇后风格、杜白丽夫人风格去称呼那些我们熟悉的艺术典范也同样精确。如果说建筑和装饰通常被认为是记录历史的最好书卷，那么在法国，无数的教堂、广场、纪念碑、大道所记录下的，正是近千年来法兰西人关于宗教、王权、社会、生活和艺术的所有思考和审美趣味——欧洲风格的集大成者。

第一个必须被提及的，是哥特风格。到11世纪下半叶，法国人用超乎想象的创造力，建造出了这种具有高耸的尖塔式屋顶、塔楼和钟楼的建筑形式，大量地利用尖券、尖拱和飞扶壁让内部空间高远而单纯，以大片的彩色玻璃配合精细的雕刻作为主要的内部装饰手法。哥特风格最初被运用在教堂上，仿佛无限上升的线条淋漓尽致地体现出天主

◥ 小巧玲珑的乡间别墅，爬山虎总是默默地陪伴着每一代主人却永不老去。

◣ 格局规整的大宅，精心剪修的几何图形花园和喷泉雕塑，正是贵族宅邸应有的气派。

明亮生动的现代派绘画作品让房间顿时有了强烈的艺术气息，家具的搭配也恰到好处。

奔马的雕塑为原本沉闷的房间带来生气。

的威严，而建筑本身则成为通向天堂的道路。伫立在巴黎的发祥地塞纳河西岱岛上的巴黎圣母院，是法国哥特建筑最为人称道的代表作，这座巨石建筑始建于1163年，历时182年方才建成，在欧洲建筑史上具有划时代的意义。此后在欧洲和美洲的所有哥特式教堂上均可找到巴黎圣母院的痕迹和影响。除了教堂之外，哥特风格同样被大量用于世俗建筑，与教堂的结构和形式略有不同，多数的哥特式住宅为木框架，紧贴狭窄的街道两旁，山墙面街；二层开始出挑以扩大空间，一层作坊或店铺，木框架外露形成漂亮的图案装饰。

13世纪以后，受"发现意大利"的影响，文艺复兴运动进入法国，人们普遍崇尚古代希腊、罗马文化，帝王们更是热衷于以同样气度恢弘的殿堂为自己的王朝添彩。于是在建筑方面，古罗马的广场、凯旋门和记功柱等纪念性建筑成为效法的榜样，古典主义风格也因此成为建筑装饰风格的主流。1671年在巴黎设立的建筑学院更是为这种风

纯白的墙面为各色镜框提供了最好的舞台，古董大床和镜框的深色线条让房间显得端庄典雅。

悦目的大地色让房间显得沉稳大气，与墙上肖像画的色调出奇地相衬。

复杂的宫廷样式的帘幔成为装饰的要点。

格建立了成熟的规划设计体系，并在此后近200年里成为欧洲建筑的不二法典。古典主义风格的特色是造型严谨，结构对称，大量运用古典柱式，以及华丽奢靡的内部装饰，巴黎市内和近郊大批至今为人津津乐道的宫廷园林和纪念性的广场建筑群落都是这个风格的体现，其中尤以卢浮宫、凡尔赛宫、星形广场、巴黎荣军院等为典型代表。星形广场的设计是典型的巴洛克风格，以古罗马式的浮雕拱门为中心，12条大道呈辐射状分布开去，树木、喷泉、雕像、栅栏门、桥、凯旋门和建筑物各居其位，排列有序，极尽夸耀却气度雍容，古典主义的精神内核一览无余。

而路易十四所建的凡尔赛宫，被称为欧洲最宏大、最豪华的宫殿，以东西为轴，南北对称，形制端严，500多个大小厅室按序列排布，以大量精美的雕刻、挂毯和巨幅油画装饰，附属的园林也别具一格，花草树木均被精心修剪呈悦目整齐的几何图形，众多的喷水池、喷泉和雕像点缀

其间，优雅隆重的王室气派令人不禁为之心折。随着古典主义被运用到顶峰之后，庄严和典雅已经不能满足法国王室无止境的求新求变，于是法兰西人又创造出日后广受欢迎的洛可可风格。鉴于建筑形制已经发挥到稳定的极致，洛可可风格更多将特点表现在室内装饰手法的变化上，改变了过去坚持的华丽和对称感，转向更为细腻妩媚、纤巧浓艳的女性气质。洛可可风格喜爱明快的色彩和过于精致繁琐的设计，家具设计也趋向纤细灵动，喜爱采用不对称的弧线和S形线条，贝壳、漩涡、缠绵卷曲的大卷草舒花作为图案装饰墙壁，天花和墙面多以弧面相连，金色和嫩绿、粉红、玫瑰等温柔的浅色调以及织锦、镶嵌、漆器等细节被大量地使用，营造出靡丽奢华的宫廷趣味，凡尔赛宫如梦似幻的镜厅可算是洛可可风格最恰当的诠释者了。

此外，折中主义风格也是法国人首推并且发扬光大的一种建筑装饰风格，它不为经典范式所束缚，讲求比例均衡和形式纯美，无论希腊、罗马、拜占庭、中世纪、文艺复兴和东方情调的元素均可以被灵活采用。其代表作巴黎歌剧院，作为法兰西第二帝国的重要纪念物，剧院立面是意大利晚期巴洛克建筑风格，其繁琐的雕饰是洛可可的特色，优雅的柱式则体现出对古典希腊风格的致敬。另一个代表作巴黎圣心大教堂，则以高耸的穹顶和厚实的墙身和谐地呈现出拜占庭和罗曼建筑的双重特色。折中主义不等于不创造，他们注重兼收并蓄。例如埃菲尔铁塔的钢结构和古典形态的结合，还有贝聿铭的卢浮宫金字塔、罗杰斯的现代艺术中心。承认冲突、承认不协调，折中主义追求兼容而不是风格的一致性，法国人的贡献即在于此，他们

◤ 华丽的洛可可风格客厅，温柔的浅粉和淡绿色让空间显出女性的气质，大幅的织锦墙纸是东方风格的花鸟图案。

◣ 路易十五风格的中型会客厅，几组略有变化的扶手椅和沙发将房间划分为相对独立的功能区，而秀丽的织花地毯又让整个房间都充满了温馨的气质。

◤ 可爱的蓝色私人起居室，大胆的色彩反映出主人的偏好，镜子和窗户的设计让房间显得气韵流动。

追求的是兼容性、完整性、现代性和艺术性。回首文艺复兴之后尤其是今天的巴黎建设，世界名雕、世界名画、世界名园比比皆是。所以说，法国人的折中后面是宽阔的胸怀。这就是为什么巴黎是外国人出名的地方，而未必是法国人出名的地方。多少外国人从艺术家到音乐家到舞蹈家到建筑师到画家、作曲家、钢琴家，这些外国人中的精英都在巴黎出了名，这就是法国伟大的兼容，伟大的气量，伟大的融合，伟大的美学上的和谐。

◢ 专用的图书室是不可或缺的功能空间，书本盈垛是那么令人愉悦，当然舒适的扶手椅和小书桌也都得各就其位。

Switzerland
瑞士

◤ 卢塞恩（Luzern）被大仲马誉为是瑞士这枚蚌壳中最闪亮的一粒明珠，而卡佩尔廊桥是卢塞恩的象征。

瑞士深处欧洲中部，是个内陆山地国家。雄伟的阿尔卑斯山脉横贯南部，与北部的侏罗山遥遥相对，两山之间是众多风景优美的高原谷地。瑞士的山地和高原几乎占到了国土面积的90%，地质时代的冰川运动为这片土地带来了高耸的雪山、深邃的峡谷、嶙峋的岩石和奔流的河水，有近140个冰川和1494个星罗棋布的自然湖泊。众星拱月般的地形让瑞士成为名副其实的“欧洲屋脊”，海拔最高点为4634米的杜尔富峰。虽然地处温带的北部，瑞士的气候却是多变而宜人的，春风明媚，夏季凉爽，秋日疏朗，冬天更是雪景如画。莱茵河、罗纳河和多瑙河欢快地穿行在雪峰之间，流过茂密的山林、青翠的牧场、硕果累累的葡萄园、繁花似锦的坡地，大大小小碧波如镜的湖泊边芳草如织落英缤纷，又让瑞士博得“欧洲花园”的美名。

得天独厚的地理位置，成就了瑞士的立国，也书写了瑞士的历史。瑞士的疆界东部与奥地利、列支敦士登接壤，南部毗邻意大利，西边是法国，北部紧靠德国。略过早期人类遗迹，这个区域有文字可考的历史开始于公元前1000年左右，凯尔特人（Celtic）中的一支海尔维第部落（Helvetia）在此定居，他们在今天瑞士的中部建立了12个城市和400多个村落，因此现在有人还是会以“海尔维第”作为瑞士的别称。公元15年，罗马帝国征服了这片土地，恺撒的统治持续了近400年。通向罗马的帝国大道带来了地中海沿岸的农作物和亚平宁的生活方式，罗马人用他们娴熟的建筑技巧修造了如今瑞士最迷人的几座城市：伯尔尼、苏黎世、日内瓦、洛桑、巴塞尔、卢塞恩。公元3世纪后，罗马帝国日薄西山，新兴的日耳曼人成为继任者。公元406年，东日耳曼族的一支勃艮第人越过莱茵河，在瑞士西部和下瓦莱地区定居下来，形成了今天的法语区；公元7世纪，居住在德国南部的阿勒曼人大批移居到瑞士的北部和东部，形成了今天的德语区；罗马人及罗马化了的一部分日耳曼人在提契诺和格劳宾登的南部定居，形成了今天的意大利语区。而从凯尔特人时代就居住在格劳宾登的瑞特人此时已罗马化，逐渐变成今天的瑞特罗马人。瑞士四个语区的国家格局初步奠定了基本框架。此后，瑞士历经了法兰克帝国、德意志帝国、神圣罗马帝国的杀伐征战，1291年8月1日，乌里、施维茨和下瓦尔登3个州在反对哈布斯堡王朝的斗争中秘密联盟，此即瑞士建国之始，8月1日也被确立为国庆日，但仍旧是几个州组成的松散邦联。直到1848年，瑞士正式定都伯尔尼，宣告统一的联邦制国家真正形成。

瑞士人总是乐于这样描述自己的国家：因为有些德意

◤ 拉玻斯维尔城堡主体部分用石头垒成，比例匀称，朴素硬朗。

◥ 街道幽深，静谧是它的灵魂。

◣ 贝林佐纳（Bellinzona）地处阿尔卑斯山南部咽喉地带，境内有多处城堡扼守着欧洲中部通往意大利的交通要道。图为蒙特贝罗城堡。

◢ 瑞士的城堡向我们讲述着漫长的历史，神秘而浪漫。

BADRUTT'S PALACE
150
BADRUTT'S PALACE
Chopard

◥ 圣加仑的大街小巷处处可见各种形态的熊。

◣ 圣加仑（St. Gallen）老城依然保留着中世纪的城市格局。

志人不愿做德国人，有些法兰西人不愿做法国人，有些意大利人不愿做意大利人，他们都看中了阿尔卑斯美丽的山麓，于是就住了下来，变成了瑞士人。言语中有种不加修饰的直接和坦白，也不乏风趣和调侃，实在很得他们性情奇突、颇有几分名士之风的先辈移民的气质真传。瑞士是一个很容易令人着迷的国度，不仅是它那些秀美瑰丽的自然风光，点缀在冰川雪湖间的那些古老的城市、民居、修道院、教堂更是这个多民族联邦国家的文明传承中最闪亮的明珠。长期自由松散的邦联状态让瑞士的四个语区都得到了非常充分的发展，每个地区都有一份弥足珍惜的独特历史和文化图谱，而同时永久中立的立国原则使得瑞士从欧洲历次惨烈的战火动荡中幸免于难，名胜古迹保存完好，忠实而完全地记录下这个国家过往的悠远岁月，它们共同组成了今天瑞士既各有特色又和谐统一的人文风貌。无论是华丽的巴洛克、端严的罗马风、高耸的哥特式，还是田园牧歌式的夏莱小屋，抑或是现代风格的新简约主义，在瑞士都有着最精彩的呈现。

老城是瑞士建筑文化的骄傲，几个主要城市的历史都可以追溯到遥远的罗马帝国时代。斑驳的城墙、细石子铺就的街道、中心广场的喷泉、街道边风格独特的凸肚悬窗、威严耸立的教堂和钟楼、华丽的公共会堂，构成了老城美丽的风景线。有“花园村庄”之称的钟表之都伯尔尼早在1983年就已经登上世界文化遗产的名录，从高处的山丘上俯瞰，一片红褐色的斜屋顶显得静谧宜人，著名的钟楼并不算高大，但却有一个设计精巧的小舞台，每逢正点钟声敲响，小丑木偶、公鸡、小熊便会依次而出列队游行。据说这美妙的钟声曾给予伟大的爱因斯坦喷涌的灵感。正是在伯尔尼，爱因斯坦度过了他的“金色1905年”，发表了包括《广义相对论》在内的数篇重要论文。以钟表和首饰闻名的日内瓦城老城区，哥特风格的大教堂矗立在城市中心，蜿蜒狭窄的石子街道穿行在摩肩接踵的古老民居之间，别有一番思古之幽情。建于公元4世纪的洛桑，是著名的“国际文化之城”，欧洲许多著名文学家如伏尔泰、拜伦、卢梭、雨果、狄更斯都曾先后在此居住，写下了许多不朽的名篇。城中哥特式天主大教堂被誉为瑞士最精美的建筑，市郊的

沙夫豪森（Schaffhausen）的骑士之家建于1566年，其外墙由沙夫豪森最杰出的壁画家托马斯·休提曼于1568—1570年绘制。

钟楼仿佛暗示这是个钟表国度。

Zum Ritter

奇隆堡依山濒湖，是中世纪城堡的典型代表，巨石堆砌的高墙、钟楼、吊桥，古色古香令人神往。金融中心苏黎世建城历史已超过2000年，最初是罗马人设立的税卡。城中的圣母教堂和大教堂都是罗马风格的建筑，以精美的壁画和镶拼花色玻璃装饰闻名，而利马河边的水教堂则是轻盈高挑的哥特风格，与水景相互映衬挺拔秀美。圣加仑老城的修道院是瑞士又一处引以为傲的世界文化遗产，其卡洛林式的柱头装饰、哥特风格的平面布局、巴洛克式的主题装饰在这里和谐地融为一体，成就了建筑史上的一件杰作。

纵观瑞士各地的建筑装饰风格，几个共有的特色元素是非常鲜明的。其一是街道上的拱廊，这种拱廊与人行道并行，可为行人遮挡雨淋日晒，最先出现在伯尔尼，之后传至其他城市，成为瑞士常见的建筑样式；其二是街心路口的喷泉。喷泉中有装饰柱，上面有丰富的雕刻和彩饰，顶上有动物或人物的塑像，常以鲜花装饰，使得街道景观呈现出富于节奏的层次感，非常具有变化和亲和力；其三是带顶的廊桥，瑞士城市多建在河流湖泊之畔，廊桥在水面上画出优美的弧线，棕红的廊顶与青绿的湖水辉映成趣，徜徉其中实在是非常的惬意。廊桥也并不是一定建在水面上，有时也依山势盘旋而上，是最佳的步行旅游路线，随意漫步或凭栏眺望，处处都是美景如画。其四是突出于墙外的凸肚悬窗。瑞士降水丰沛，气温较低，所以居所非常注意保暖和防潮，喜欢四面开窗，每面墙开窗达四扇之多。凸肚悬窗来自罗马时代，翅托支撑，起凉廊的作用。结构有单层、双层、三层，排列有左右、上下和错落多种方式，材料有木制、土石制和金属制。四框及正面多用雕金彩饰，

◤ 建筑位于美丽的湖畔，保持着坚固的美丽。

◣ 瑞士总是让人感觉走入了梦境中的童话世界。

十分精致华丽，并配有木质百叶窗，周围还饰有木刻花纹。雕刻着水果和蔬菜，表示该建筑为蔬菜水果店，使用希腊、罗马诸神作为悬窗的支柱，则表明主人有着高贵的身份，忠实地反映出几百年前当地的古朴民风；最后是外墙上的壁画，这种装饰形式始于文艺复兴时期，人们在外墙上描绘希腊神话和《圣经》人物故事，成为非常有艺术感的街道装饰。此外瑞士的公共建筑非常喜欢在窗板上涂抹锯齿形的花饰，颜色则采用本州的州徽，沃州为绿色和白色，瓦莱州为白色，格里松州就是黄色和蓝色。

夏莱小屋是瑞士最具代表性的本土民居样式。所谓“夏莱”，原是指瑞士农牧民在山上搭建的小木屋，现在已经成为瑞士最有文化认同感的传统民居。它以石头或木桩作地基，用木材搭建，屋顶呈人字形，可以起到分散冬天积雪对屋顶的压力的作用。瑞士各地的“夏莱”款式也有细节的不同。意大利语区的“夏莱”比较小，主要以山石为原材料，结实耐用；中部地区的“夏莱”规模较大，巨大的人字形房顶倾斜下来，几乎碰到地面，内部则有两层或三层结构，以木梯相连；法语区的“夏莱”规模则介于两者之间。瑞士人喜欢用鲜花将“夏莱”装饰得绚丽多彩，原木的小屋与栽满鲜花和绿色植物的院落浑然一体，给人返璞归真的感觉，仿佛童话世界，这也正是瑞士风貌最具吸引力的地方。

瑞士风格是一个活着的遗迹，如同少女峰秀丽圣洁的阿莱奇冰川，如同日内瓦湖畔悠游的天鹅，仿佛亘古以来就是这样存在着，并将一直这样下去，直到地老天荒。

恬淡的室内设计风格让瑞士展现出与众不同的迷人风采。

造型优雅的椅子看似简单，别致的马头却是罗马人钟爱的传统装饰标志。

意大利位于欧洲南部，地中海之滨，国土主要由靴形的亚平宁半岛、西西里岛和撒丁岛三个岛屿组成。意大利是欧洲民族及文化的摇篮，曾孕育出罗马文化及伊特拉斯坎文明，而意大利的首都罗马，几个世纪以来都是西方世界的政治中心，也曾经是罗马帝国的首都。十三世纪末的意大利更是成为欧洲文艺复兴发源地。意大利的文明起源自古希腊，发扬光大于古罗马。公元前在意大利北部存在着许多城邦国家，罗马共和国是其中的佼佼者，公元前的最后一个世纪，著名的军事统帅恺撒通过军事活动，把地中海沿岸的许多国家和地区变成了罗马共和国的行省，在此基础上，他的后裔建立了更为庞大的罗马帝国，地中海也成了帝国的一个内湖。人们常说罗马非一日建成，而意大利的城市风格也正是经由千百年来的实践与求索逐步确立并打磨而成的。辉煌的古罗马时代为世人奉献的是华美庄严、比例均匀的古典风格，穿越黑暗的中世纪，光芒耀眼的文艺复兴时期则创造出了新古典、巴洛克等经典装饰样式。当代，米兰等城市又成为设计的中心和先锋……这就是意大利，流露着或华美、或优雅，或庄严、或自由的城市风貌。

意大利的风格出自千百年来地中海灿烂的阳光和蔚蓝的海水细致的锻造打磨。欧洲古谚说：“光荣归于希腊，伟大归于罗马”，没有什么人比意大利人更有资格为自己骄傲：辉煌的古罗马时代为世人奉献出华美庄严、比例均匀的古典风格，令后人高山仰止；穿越黑暗的中世纪而绽放耀眼光芒的文艺复兴运动更创造出了新古典、巴洛克等近现代欧洲建筑和装饰艺术的典范。

◥ 乡村别墅的客人卧房，东方地毯带来阿拉丁的美梦。

◢ 精雕细刻的护墙镶板上，笼罩着高挑拱券式屋顶，虽然是卧室，也带有古罗马浑厚大气的古典风味。

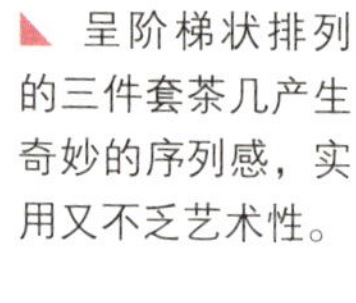

◣ 呈阶梯状排列的三件套茶几产生奇妙的序列感，实用又不乏艺术性。

◥ 浓烈大胆的色彩搭配如同地中海的阳光般暖意浓浓。

◣ 堂皇的宴会厅，令人惊叹的装饰细节全在天花和墙角线上，精细的镶板画作描绘了罗马武士的荣耀。

意大利风格的辨识要素之一是柱式构图和拱券结构。在吸收了古希腊柱式建筑遗产之后，古罗马时代的建筑师们别出心裁地将柱式和拱券相结合，既可作为结构，又可作为装饰。柱式与穹隆、拱门、墙界面有机结合，轻快的敞廊、优美的拱券、笔直的线脚，共同组成了纯正的古罗马风格，在无需承重墙的情况下，组合出或单一宏伟、或充满序列感的纵深空间，无论是在功能性还是审美效果方面都达到了令人惊叹的完美高峰。现仍存于罗马市的斗兽场和万神殿便是这种风格的最佳代言。秉持这种要素而建造的大量公共建筑物，如商业和集会的敞廊、市政厅、广场、教堂、钟塔、博物馆、学校等，又共同组成了意大利城市庄严优美的轮廓线，将这个国家深厚的历史文化底蕴显露无余。

意大利风格的另一个辨识要素是巴洛克式的修饰——搭配有富丽色彩和精美雕刻，充满人性自由灵感的曲线，

和椭圆形线条华美的空间和细节。巴洛克风格打破了对古罗马建筑理论家维特鲁威的盲目崇拜，也冲破了文艺复兴晚期古典主义者制定的种种清规戒律，反映了向往自由的世俗思想。另一方面，巴洛克风格的教堂富丽堂皇，而且能造成相当强烈的神秘气氛，也符合天主教会炫耀财富和追求神秘感的要求。因此，巴洛克建筑从罗马发端后，不久即传遍欧洲，以至远达美洲。巴洛克风格来自于巨匠们对于人性的渴望和追寻，生活的热情被淋漓尽致地发挥到了建筑和装饰上，大师们把对修饰的爱好上升到了风格主义的高度，在空间和装饰细节上形成了一套完整的法则。其典型的代表便是波洛米尼（Francesco Borromini）设计的罗马圣卡罗教堂（San Carlino），而著名的许愿池喷泉更是巴洛克风格的最佳诠释。

◥ 起居室的一角是相对私人的空间，丝绒的贵妃榻和墙上的油画都强烈地暗示着房间的闺秀气质。

◣ 天主教在意大利人的生活中至关重要，正式的接待厅必以宗教题材作为装饰的主题。

◥ 一架精美的古典盥洗台，镶嵌着带有卷草图案的手绘瓷砖。

◣ 金碧辉煌的王室大床，令人无法不联想到罗马帝国曾经的荣耀。

意大利风格还体现在其独特的宗教和人文融合度上——庄严、华美、神圣，但却并没有任何压抑感。中世纪森严的宗教气氛对意大利的影响远不如在其他欧洲国家那么强烈和深刻，快活的意大利人坚信人性是所有设计的基础，他们按照这种意愿塑造神和自己的居所。例如曾风靡欧洲的哥特风格，在意大利被了无痕迹地融合在了罗马式的柱式结构中，并不过分强调高度和垂直感，成为别具美感的装饰，典型的即如米兰大教堂。在世俗建筑方面，威尼斯圣马可广场上的总督宫，是公认的中世纪欧洲最美丽的作品之一，它立面采用连续的哥特式尖券和火焰纹式券廊，构图别致，色彩明快；另外还有很多带有哥特式柱廊的府邸，雕刻和装饰带有明显的罗马古典风格，临水而立，非常优雅。

意大利从来盛产大师，被世人视为传世珍品的雕塑、

形制朴拙的浴缸风味独特。

锅碗瓢盆也可以组成一幅画，这样的厨房一定可以端出最美的餐点吧。

壁画、绘画，在这个国度从来不是什么稀罕的东西，在这个国家走一遭，说精美绝伦的艺术品俯拾皆是也不为过。而这种渗入血液并已转为寻常事的艺术品位正是意大利不同于其他国家的独特装饰风格之所在。雕塑和绘画是意大利室内装饰的主要元素，它们总是被富于情趣的主人以精确的达芬奇透视法则排列摆设，与建筑融为一体，呈现出一种强烈整体的效果：无论是堂皇的宫殿或教堂，还是宁静的私人住宅，意大利风格的室内空间总是因此而具有媲美博物馆和画廊般的艺术精神之美。此外，意大利人自古以来便引以为豪的手工艺和繁荣的海港贸易，同样在他们的装饰品位上留下了深深的印记——手绘的丝绸墙纸、精美的玻璃制品和银器，工匠们没有门户和地域之见的开放态度，也让来自远东、阿拉伯和非洲等地的各种纹样、织物、雕刻、漆器齐聚罗马，将居室点缀得美轮美奂……

Vatican
梵蒂冈

◤ 圣彼得大教堂后的秘密花园。

梵蒂冈，从地理概念上来说，它位于意大利首都罗马城西北角上，台伯河边一片隆起的小山冈。它的名字来源于拉丁语 vaticicinia 一词，有“占卜”的意思，是古时伊特鲁里亚人卜算吉凶的地方，而后来兴起的罗马人则把这片城郊的山冈当作各种竞赛和祭祀活动的场地，从卡利古拉到尼禄都曾在这里留下足迹。梵蒂冈是一个不一样的国，也是一座不一样的城。古时人们称之为“先知之地”，现在它是罗马天主教会的中心所在，全世界天主信徒的朝圣之地。教皇是梵蒂冈的统治者，从公元 4 世纪至今从未改变过，直到今天的方济各一世，他已经是这个宗教国度的第 266 任教皇。

不过梵蒂冈如今在世间荣耀的名声，却是完全来自于天主教所信奉的那一位神圣全能的上帝。当年，封疆督边的耶路撒冷的罗马总督本丢·彼拉多将犹太人耶稣钉上了十字架，正如《圣经》中所预言，仿佛一颗种子死在地里，基督的福音却从此传遍世界，罗马当然绝对不会例外。使徒彼得，一个加利利湖畔粗鲁又急躁的渔夫，奇迹般地一路宣道来到罗马城，在帝国的心脏建立起基督的教会。初期的教会受到罗马政权的残酷迫害和镇压，彼得也被押上梵蒂冈倒钉在十字架上殉难，并埋葬于此。但这悲伤的葬礼却成为基督教会生生不息的荣耀开端。迫害和镇压没有让基督的教会偃旗息鼓，反而逐渐兴旺起来，信徒越来越多。公元 313 年，罗马康士坦丁大帝颁布了《米兰和平诏书》，不但给予基督徒自由信仰的权利，更号召国民信仰基督教，在其子狄奥多西皇帝执政期间，基督教正式成为罗马帝国的国教，奠定了今日西方世界的信仰和文化基础格局。

当基督教成为国教，彼得也被称为了圣彼得。作为基督耶稣的亲传大弟子，教会的创始人，彼得被奉为罗马教会第一任主教。照着康士坦丁大帝的旨意，322 年前后，在梵蒂冈彼得的殉难之地兴建起了第一座纪念教堂——圣彼得教堂。由于罗马教会处于帝国心脏的位置，在政治、经济和传播方面都拥有极大的影响力，罗马教会逐步超越欧亚其他地区的教会而渐有领袖之风，主教获得“教皇”之称。756 年，法兰克王国国王丕平把罗马城及其周围的全部区域送给教皇（史称“丕平献土”），在意大利境内成立了以罗马为首都的教皇国，其所管辖的领土面积达到 4 万平方千米以上，梵蒂冈就是这个国家至高无上的中心。

◤ 进入秘密花园的大门。

◥ 庇护四世寓所细部。

◣ 庇护四世寓所的大门。

◢ 教皇庇护四世（Pius IV，1559—1565 年在位）寓所。

II. PONTIFEX. MAXIMVS. FRONTEM. HANC. RENOVAVIT. PONT. A

PIVS·IIII·MEDICES·MEDIOLANEN·PONTIFEX·MAXIMVS·
INNEMORE·PALATII·VATICANI·PORTICVM·
APSIDATAM·CVM·COLVMNIS·NVMIDICIS·FONTIBVS
EXTRVXIT·ANN·SAL·MDLXI

◥ 梵蒂冈内的镜子花园。

◣ 梵蒂冈城墙，9世纪时教皇列奥四世（Leo IV，847—855年在位）委托建造，也是在古罗马奥勒良城墙的基础上修建的。

从罗马帝国起到19世纪，教皇国见证了中世纪欧洲群雄逐鹿所有的兴衰变迁，它自己却始终屹立不倒，居于西欧教会和政治文化生活的中心地位。19世纪之后，欧洲的民族主义兴起，教皇国的领土被日渐强大的意大利王国吞并。1870年，意大利王国的军队开进罗马城，完成统一，而教皇庇护九世则被迫退居梵蒂冈，失去了一直以来拥有的世俗权力。1929年2月11日，意大利墨索里尼政府和教皇庇护十一世签订了《拉特兰条约》，明确梵蒂冈为独立的主权城市国家，归教皇管辖，其主权神圣不可侵犯，永久中立，代表天主教会的“最高权力”，2月11日也由此成为梵蒂冈的国庆日。

梵蒂冈是这样的与众不同，作为一个世俗国家，它的常住人口不超过540人，小到不能再小。但作为教会的国度，梵蒂冈的存在基于天主教虔诚的信仰，全世界大约超过10亿的信徒在某种程度上都是它的一分子。作为一个地理意义上的城市，梵蒂冈国土面积只有0.44平方千米，和天安

门广场差不多大小，圣彼得大教堂、圣彼得广场、西斯廷教堂、教皇宫和梵蒂冈博物馆，差不多已经是它全部的所有。但是作为文化意义上的存在，梵蒂冈却几乎称得上是部全本的欧洲中世纪人文和艺术史，它是建筑的瑰宝，也是艺术的宝库，更是精神的圣殿，两千多年来，可能没有一个地方能像梵蒂冈这样见证着人类文明的脚步。

见证者之一：圣彼得大教堂（Piazza San Pietro），世界上最大的天主教堂，它最初是康士坦丁大帝在4世纪彼得的墓地上修建的纪念教堂，也被称为老彼得堂。16世纪，教皇朱里奥二世决定重修这座教堂，并于1506年开始动工。整个重建过程超过了教皇的预期，足足持续了120年，直到1626年11月18日才宣告落成。圣彼得大教堂呈现给世人的是典范式样的文艺复兴古典主义风格，罗马式的圆顶穹隆和希腊式的庄严石柱在这里完美结合成宏大壮丽的圣殿。教堂正面宽115米，高45米，以中线为轴两边对称，

◥ 建筑现在是教宗科学院、教宗社会科学院和圣托马斯学院所在地。

◣ 庇护四世寓所一隅，由建筑师皮罗·利戈里奥设计建造。

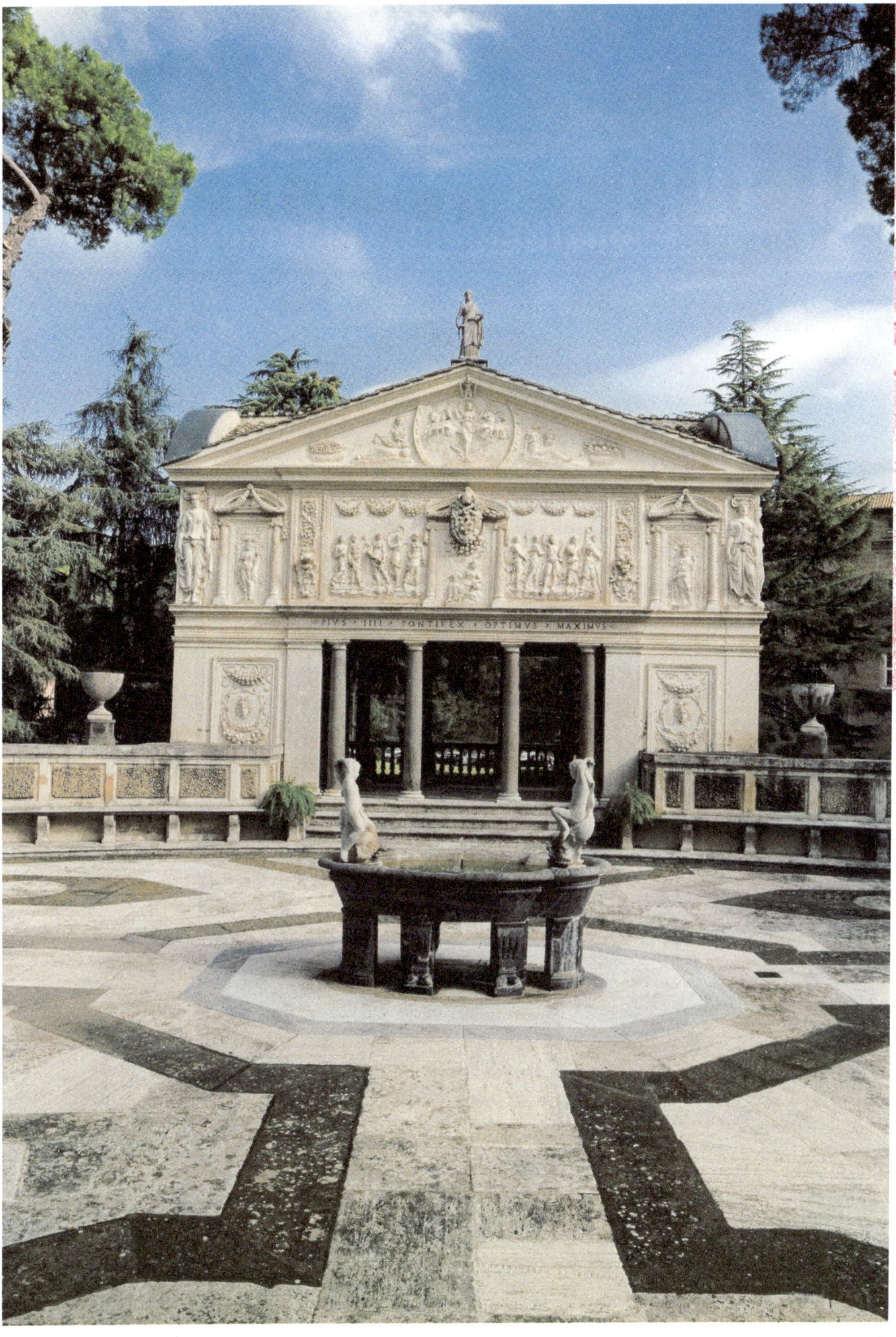
PIVS IIII PONTIFEX OPTIMVS MAXIMVS

教堂内廷一瞥。

松果庭院，得名于高约 4 米的巨型青铜松果树。背后是巨型透视结构收尾的壁龛式建筑，它是建筑师皮罗·利戈里奥（Pirro Ligorio，1510—1583）1565 年参照罗马万神殿（Pantheon）拱顶的模式建造的。

8 根圆柱对称立在中间，4 根方柱排在两侧，柱间有 5 扇大门，2 层楼上有 3 个阳台，中间的一个叫祝福阳台，重大的宗教节日时教皇会在此为信徒们祝福。教堂的平顶上正中间站立着耶稣的雕像，两边是他的 12 个门徒的雕像一字排开。教堂内部则呈十字架的形状，传统又神圣，在十字架交叉点处是教堂的中心，中心点的地下是圣彼得的陵墓，地上是教皇的祭坛，祭坛上方是金碧辉煌的华盖，华盖的上方是教堂顶部的圆穹，其直径 42 米，离地面 120 米，圆穹的周围及整个殿堂的顶部布满美丽的图案和浮雕。一束阳光从圆穹照进殿堂，给肃穆幽暗的教堂带来圣洁明亮的光芒，那圆穹就仿佛是通向天堂的大门，随时向着信徒们敞开。几百年来，无数的人在此屈膝敬拜，虔诚回应上帝的慈爱。

见证者之二：圣彼得广场——位于圣彼得大教堂前，堪称当今世界上最壮观最对称的广场。1656 年由贝尔尼尼设计，历时 11 年建造完成。它长 340 米，宽 240 米，地面用深色小方石铺砌而成，两侧由半圆形大理石柱廊环抱而

成优雅椭圆形的广场，造型和谐，充满爱意，就像上帝的手一样环抱着这个世界，而在广场的长轴上两座对称的乳头状喷泉则象征着教会如同乳汁滋养万民。柱廊共有 284 根圆柱和 88 根方柱，分排四列，形成三条走廊。朝向广场的每根石柱顶端的平台上，各有一尊 3.2 米高的大理石雕像，他们都是罗马天主教会历史上的殉道者，神态各异，栩栩如生。从空中看下去，圣彼得椭圆形的广场和长方形的圣彼得大教堂，就像是圣彼得手中紧握的钥匙，据说这是耶稣交给他的，象征通往天国之路和上帝在世间的权力，它们和在广场正中央矗立着的梵蒂冈方尖碑一起，默默地守护着梵蒂冈。这块高达 41 米的石碑，来自 4000 年前的埃及开罗附近的太阳城，据传它见证了希伯来人出埃及，摩西得十诫，彼得殉道，历代教皇登基，并且还将继续见证一切目前还未知的将来。

见证者之三：西斯廷教堂（Cappella Sistina）——始建于 1445 年，完成于 1481 年，由教皇西斯都四世发起创建，教堂的名字“西斯廷”便来源于这位教皇的名字“西斯都”。教堂长 40.25 米，宽 13.41 米，高 20.73 米，是依照《列王纪》第 6 章中所描述的所罗门王神殿，按照比例（60:20:30）所建。作为历代罗马教皇的选出之地和私用经堂，西斯廷教堂对于梵蒂冈具有非常特殊的意义，然而世人对它的记忆和膜拜可能更多地来自其内部传世的艺术巨制——米开朗琪罗留下的穹顶壁画《创世纪》和祭坛壁画《最后的审判》，上帝所预示的人类的开端和终结，在大师的笔下成为清晰的图画，无从回避，以至于留下了难以磨灭的深刻印象。

见证之四、五、六……米开朗琪罗的雕塑《悲恸的圣母》，

◥ 花园背后，可以看到美丽的罗马城。
◢ 建于 20 世纪 30 年代的丽城花园（Belvedere Gardens）。

◥ 圣伯多禄大教堂（St. Peter’s Basilica，亦称圣彼得大教堂）大殿。教堂建于1506—1626年，可能是世界上最大的教堂，也是天主教最神圣的地方之一。其占地23000平方米，可容纳超过6万人。教堂中央是直径42米的穹窿，顶高约138米。保存有文艺复兴时期许多艺术家如米开朗琪罗、拉斐尔等的壁画与雕刻。

◣ 梵蒂冈图书馆，建于1475年。它是世界著名的人文科学学术图书馆，主藏神学书籍，其他非宗教类图书有艺术、建筑、语言、文学、历史哲学、数学和科学诸门类。

贝尔尼尼的青铜华盖和圣彼得宝座，奇妙的大跨度穹顶，光影变换闪烁的彩色玻璃窗，飞旋的楼梯，栩栩如生的雕像，宏大华美的壁画，教皇卫兵五彩的制服和威猛的长矛……难以置信的美丽、匀称、圣洁、宁静和光明，很多时候，人们常常会怀疑它们是否真实的存在，又不由自主地深深叹服和屈膝，也许上帝的恩典是这一切最好的解释，他藉着无数的先辈圣徒和虔诚信徒，藉着伯拉曼特、拉斐尔、米开朗琪罗、贝尔尼尼等建筑艺术大师和历时历代的能工巧匠们，将梵蒂冈赐给这个世界，让世人能够一窥天上的荣耀。

当赞美进入他的院！当哈利路亚的歌声响起，我们已经可以确定“爱”是这个世界唯一的永恒！

Malta
马耳他

◤ 吉米耶里（Ghemieri）的戈梅里诺宫（Palazzo Gomerino），其红陶墙体是当地17世纪典型的宫殿建材。

马耳他，在西西里以南不足60英里处，刚好落在北非亚历山大港和连接地中海大西洋的直布罗陀海峡中间。从空中看，地中海里如飞艇驶过溅起的水珠般散落着星星点点的岛屿，马耳他就在它们中间仿佛众星拱月般被拥戴着宠爱着。地处地中海的中央，马耳他地理位置之重要不言而喻。无论政治、军事、经济，自古它就在人类无休止的过往和争执中，扮演着不可替代的角色。也因此，它的名称之由来的说法之一是古代地中海居民腓尼基人给起的，腓尼基语的Maleth，意为“避风港”。地中海最早的人类文明之辉煌的顶点古希腊文明，也在马耳他留下了深刻的印记，古希腊人以这里出产的一种蜂蜜而称之为“蜜地”，

发音正是 Melite，这是马耳他名称来源的又一种说法。名称的来历无论怎样被后人附会，不要紧，我们已经知道这是个很有故事、很多美丽的地方。

马耳他由马耳他岛、戈佐、科米诺、科米诺托和菲尔夫拉岛五个小岛组成，其中最大的岛就是马耳他岛。典型的地中海气候，这里一年四季都沐浴在温暖的阳光中，即便冬季，它也同样享有蔚蓝色的天空和温暖的海水，但这里物产并不丰富，它的骄人存在只因为其无出其右的战略位置。马耳他的历史可以追溯到 5000 多年前。传说在遥远的石器时代，有一支史前民族来到这里，成为马耳他最早的原住民，这支考古学家口中的神秘民族拥有自己独特的文化和宗教，他们建造了许多雄伟的巨石神殿，遍布岛屿全境，今天我们仍可看到的哈加吉姆石庙、达拉神石庙和干地亚石庙等，它们距今至少已有 5500 年了，算起来要早于埃及金字塔 1000 年，是地球上最为古老的没有用任何辅

◥ 马耳他的著名海港大港（Grand Harbour）景色怡人。

◢ 马耳他首都瓦莱塔，圆顶建筑是建于 1578 年的圣约翰大教堂，被认为是瓦莱塔的象征。

◣ 静坐在碧海蓝天下，目光所及全是清新的美好。

◥ 拱形门窗将蔚蓝色的海景变为灵动的装饰，颇有趣味。

◣ 细小的花卉与成片绿叶相映成趣，形成一种别有情调的色彩组合。

助建筑材料建成的直立式宗教建筑。这段历史虽无文字记载，但凭借后人挖掘出来的陶制品、雕塑等都证明了这一切。公元前10世纪，活跃于地中海东岸的腓尼基人看中了这里，这里成为他们的定居点之一。公元前8世纪起，希腊人、迦太基人、罗马人相继成为这里的主人，之后更成为拜占庭帝国、阿拉伯帝国的领地。对于马耳他来说，最光荣的历史事迹当属1523年圣约翰骑士团的入驻，在称雄于几乎全欧洲天主教国家的神圣罗马帝国皇帝查理五世的支持下，骑士团更名"马耳他骑士团"；查理五世更是于1530年将马耳他永久租让于骑士团。1565年，骑士团击败了强大的奥斯曼帝国的军队，阻止了突厥人的铁蹄继续向西欧的挺进。由此，马耳他真正成为了骑士团控制的国家直至18世纪末拿破仑出发征服埃及时，中途夺取了对它的控制权。但相较于漫长的历史，一切英雄也不过徒叹奈何；当拿破仑战败后，马耳他就成了大英帝国的一部分。在此后的历史中，马耳他作为英帝国控制埃及等北非地区的战略要地，

作为英帝国穿过直布罗陀海峡和苏伊士运河前往印度殖民的中转站，作为两次世界大战的前哨地，它都拥有无比重要的意义。1942 年 4 月，英王乔治六世曾将帝国乔治十字勋章授予马耳他，表彰马耳他居民于德军围攻时的英勇表现，“见证着一种英雄及奉献精神长存历史”。1964 年马耳他宣布独立，但仍属英联邦成员国，实行君主立宪政体。1974 年修宪成为共和国。

如此长期而多元的民族占领和统治，为马耳他留下了极其宝贵的文化遗产。我们关注的建筑艺术在这里熠熠闪光。古希腊、古罗马和拜占庭文化固然在这里留下了诸多遗迹，但最辉煌的仍然要属 16 世纪圣约翰骑士团，也即马耳他骑士团进驻后，这里开始出现与欧陆同步的文化气氛。骑士团把马耳他当做自己的国家，也当做一座巨大的城堡，在岛上兴建了诸多防御工事，这同它的军事属性是一致的，而骑士团的宗教属性也促使它兴建了诸多雄伟的教堂。当时正值意大利文艺复兴时期，马耳他的文艺复兴式建筑特别多，如瓦莱塔（Valetta）的圣约翰大教堂、总统府以及许多沿岸建筑。圣约翰大教堂是米开朗琪罗设计的，采用的是罗马圣彼得大教堂的圆顶样式。骑士团作为马耳他长期的统治者，在战事以外，也需要修建宫殿甚至戏院。在文艺复兴过后的岁月里，这里相继又出现了过分精雕细琢的巴洛克建筑和洛可可风格建筑。同样在瓦莱塔，曼努尔大戏院就是转变风格中的代表作，它是目前欧洲还在使用的最古老的戏院。

拿破仑进入马耳他及其后英国占领时期，正是欧洲新古典主义风格盛行时，马耳他岛上出现了一批仿古希腊的

◤ 复古吊灯、人面头像和手工地毯共同营造出一股神秘的气息。

◥ 步入克拉塔楼上的客厅，墙上还保留着中世纪建造时镂空雕刻的希腊十字。

◣ 泽布寄罗翰宫中的侧廊，阳光从三个侧窗透入，洒下斑驳的光影。

◢ 燃起的焰火和墙上的壁画给素色的空间增添了一抹暖色。

◥ 蓝色靠垫置于菱形压纹状的红色被褥上，十分醒目。

◣ 一间极富贵族气质的客厅，马耳他的今天从来不缺乏从英伦承继而来的英式风范。

建筑，这显然也符合马耳他崇尚古风的习气。与此相当的，近现代的建筑艺术风格便无法在马耳他立足，现代的建筑更一度被禁止。我们在岛上甚至见不到一处用水泥垒起来的建筑物，应该是怕破坏了马耳他总体的古朴风格吧。这样的坚持也给与这里独到的回报，1693 年 1 月 11 日这里发生了一次大地震，当时的首府姆迪纳（Mdina）西部因多坚固的石建筑而未遭重创，诸多中世纪的建筑得以保留至今；而城市东部则大多是黏土建筑，在地震中被毁坏后，重建正遇到巴洛克风格盛行，这使得姆迪纳城中一半是中世纪风格，一半是巴洛克时代，真是“东边日出西边雨”。在区域上，同样的建筑风格（如巴洛克风格）也因来自不同的国家而略有不同，因为马耳他骑士团的成员来自欧洲各国，他们推崇或引用的建筑师也来自四面八方，建筑风格自然十分多样，有西班牙式、法国式、德国式等。1893 年英国维多利亚女王到访马耳他，发现这里没有一座典型的英国式教堂，于是马上捐款在瓦莱塔兴建了一座纯英国式的圣保罗大教堂。聚各地风格为一体的圣约翰大教堂，因

为属骑士团所共有，其建筑风格同样也必须兼顾各国：教堂内设有八间小礼拜堂，应对骑士团成员所来自的八个国家。

今天的马耳他岛仍然独特于欧陆，即便新造建筑或建筑群，也依旧采用欧洲古建筑形式，新教堂也为意大利文艺复兴式（偶尔用哥特式），其外形就如意大利佛罗伦萨的主教堂，甚至许多普通民房的建筑也采用廊柱等古建筑语汇，或者用中世纪罗曼时期的古堡样式。它载浮载沉在地中海的中央，凝固着历史的风云，也仿佛随时会发出女妖塞壬动听的歌声，迷惑一众路过它的旅人，就此忘却家乡投入它不离不弃的怀抱。马耳他曾经被征服过，曾经被殖民过，然而这个曼妙的地中海岛国却从不曾失掉她独有的魅力，它是上帝的宠儿，被毫不吝啬地赐予了明媚的阳光、碧蓝的海水和鲜活的生命。徘徊在熠熠生辉的建筑旁，这里的每一处风景、每一个细节全都遗留着往日的美好。踏着散落一地的足迹，马耳他浪漫得像飘浮在地中海上的一个蔚蓝色的梦。

◥ 立体雕塑在淡蓝的背景下显得分外生动。

◣ 蓝色的木质家具线条简洁。

Croatia

克罗地亚

◤ 首都萨格勒布（Zagreb）耶拉契奇（Josip Jelacic）总督广场，始建于17世纪。

面积只有56000多平方千米的克罗地亚是位于欧洲中南部的袖珍小国，北邻斯洛文尼亚和匈牙利，东面和南面与塞尔维亚、波黑接壤，地处巴尔干半岛的西北部，亚得里亚海东岸，隔着海与意大利遥遥相望。从西北到东南，克罗地亚拥有青翠的山谷、肥沃的平原和悠长的海滨，自然地貌丰富，风光秀丽气候温润，非常适宜居住和度假，自古以来就是欧洲人念兹在兹的后花园。

克罗地亚有着惊艳纯白的沙滩、碧蓝的海水、翠绿的岛屿、悠闲的渔村、宁静的湖泊、飞溅的瀑布，还有墙垣斑驳、红瓦尖顶的老城，亚得里亚海沿岸近4000千米的海滩，1000多个小岛……每一处转角回眸，都是如诗如画的美丽景色，让人沉醉不肯稍离。而之前在它还是南斯拉夫的一部分时，我们是要在“南斯拉夫”的章节里来叙说这个美丽的地域的，而原先它是巴尔干半岛上一个面目模糊的地区，如今已成为亚得里亚海上的明珠。克罗地亚，实在是老欧洲谨慎收藏的秘密，虽不欲与世界分享，却奈何“满园春色关不住”，到底“一枝红杏出墙来”。

虽然以独立国家的身份立足于世才 26 年，但克罗地亚的历史却是可以用源远流长来形容的。公元 6 至 7 世纪，古代斯拉夫人移居巴尔干半岛，在公元 8 世纪建立起早期的国家，公元 10 世纪克罗地亚王国已经非常强盛，但随后即处于匈牙利国王的统治之下，16 世纪又归于哈布斯堡王朝，一直到奥匈帝国垮台。1918 年，克罗地亚和半岛上其他的民族联合成立塞尔维亚—克罗地亚—斯洛文尼亚王国，1929 年改称南斯拉夫王国，二次大战后成为南斯拉夫的六个共和国之一，直到 1991 年宣布独立。

◥ 克罗地亚东部地区贾科沃（Djakovo）市著名的圣彼得大教堂，建于 1866—1882 年。

◢ 历史名城特罗吉尔（Trogir）建于公元前 3 世纪，城中直角街道的模式可追溯到希腊时期，后来的统治者（这里曾被希腊人、罗马人、威尼斯人、匈牙利人和法国人统治过）又用许多精美的公共场所以及住宅和防御工事对其进行了修饰，而精巧的罗马式教堂得到了威尼斯时期出色的文艺复兴式和巴洛克式建筑的补充。

◣ 伊斯特拉（Istria）半岛西南的著名港口城市普拉（Pula），始建于公元前 2 世纪，19 世纪时曾是奥匈帝国军港，1918 年后属意大利，1947 年划归南斯拉夫的克罗地亚。图示为古罗马和拜占庭时期的角斗场、拱门、庙宇、教堂等古代建筑遗迹。

◥ 克罗地亚的旧建筑保护得相当完好，许多人仍生活在两三个世纪前的场景中。

◣ 客厅的壁炉附近是克罗地亚人家中的核心区域。

克罗地亚国土上的早期文明痕迹，是来自海上的希腊和罗马风格。公元前 3 世纪，希腊人率先在维斯岛上建起了卓哥尔城，那些巍峨的城堡和卫墙让人轻易就联想到属于雅典的光荣。古罗马时期的建筑就更是俯拾皆是了：普拉的罗马风格圆形露天竞技场和奥古斯都神殿，建于 8 世纪的尼恩礼拜堂，建于 9 世纪的扎克尔大教堂，大量至今仍能使用的建于 12 世纪前后的城堡拱门、市政厅，以及公共广场、引水系统等，无不显示出古典主义所钟爱的对称线条和简朴大气的格局。不过，在克罗地亚，罗马风格也更多地展示出东罗马拜占庭的样式。

公元 13 世纪后，哥特风格成为克罗地亚宗教建筑的主要样式。位于萨格勒布的圣马克大教堂，线条陡直，尖顶拱券，搭配明亮的窗格和玲珑细致的雕刻，飞升的尖塔，感觉好似冲上了云霄，仿佛可以直接跟上帝作零距离接触，成为最具代表性的哥特式教堂。而另一座圣雅各布大教堂则是克罗地亚哥特风格又一个非凡的艺术成就，它全部用

石头建造，半圆形部分和拱顶完全是用精确雕凿的巨石堆砌建成，无泥瓦工序，这在欧洲 19 世纪以前的建筑物中是绝无仅有的，它的建筑材料和石头都很独特，不可复制，也是哥特风格向文艺复兴风格转型的经典之作。

在随后的 15 至 18 世纪，文艺复兴时代来临，建城于公元 7 世纪的杜布罗夫尼克此刻成为艺术和文学的中心，被誉为“斯拉夫人的雅典”。它哥特式的城堡和文艺复兴样式的城墙成为建筑史上的一个绮丽瑰宝：建在一块突出于海面的巨大岩石的城堡是用厚重的花岗岩砌成，墙外有护城河环绕，东面是陆地，临海的城墙上修有许多角楼和炮楼，城内完好地保存着 14 世纪的药房、教堂、修道院、古老而华丽的大公宫及壮观的钟楼，沿着山坡有一排排明

乡村风格的餐厅，但使用了许多非常有当代设计感的家具。

卧室用古董级的家具来装饰，更会让人感到岁月流逝的无情。

快的红瓦小房，街道甚至连街灯的式样也是中世纪的。每到中午12时和晚6时，城堡内36间教堂的钟声齐鸣，钟声回荡在古城内外，仿佛亘古不变。克罗地亚的首都萨格勒布，同样深受哈布斯堡王朝的影响，留下了最华贵和美丽的巴洛克风格城市风貌：有着彩色屋顶的圣马可大教堂，被誉为最东方的欧洲教堂的圣叶卡特琳娜教堂，还有被称为浪漫主义园林代表作的马克西米尔公园，以及众多的博物馆，艺术馆，剧院，教堂和花园，拥挤的街道和绿树环绕的广场，名副其实是欧洲大陆的巴洛克博物馆。

尽管饱经战乱，尽管许多的避暑圣地和教堂都被建成仿佛堡垒的式样，克罗地亚的美丽却是历久弥新：朴拙的石砌小教堂，红顶房、白石墙、葱郁的橄榄树和葡萄园、山坡上丛生的熏衣草和长生花，悠闲漫步的羊群，空气中弥漫着烤鱼和美酒的香气……那些曾经发生过的汹涌历史事件和各种文化的融合，使它充满了各种令人唏嘘的遗迹。当记忆打开时，每块石头都能讲出它自己的故事，那些关于亚尔古英雄的航海，罗马的大帆船，威尼斯的高官，那些乘船而来的商人们——克罗地亚的历史可以满足任何一种关于动荡和争战的想象：建设、袭击、抢夺、断裂、修补、重生，每一次浴火浴血的疼痛不但丝毫无损克罗地亚的美丽，反而更为它增添了许多沧桑沉淀出的独特气韵，逐一投射在那些纪念碑、教堂、剧院、广场、城堡上，汇成时光留驻的传奇画卷，混合着地中海温润的海风和明媚的阳光，顺着山路、海滩和街巷徐徐展开。

◤ 看似随意摆放的镜框，却让客厅显得极具艺术气息。

◥ 怀旧情绪的家具是陈设灵感的主线。

◣ 餐厅或客厅中的装饰柜，常能成为家中的焦点家具。

◢ 一千多年前，克罗地亚相当长的时间曾是罗马帝国和东罗马帝国的殖民地，卧室中床的柱子仍依稀透出了帝国时代的辉煌。

希腊

◤ 蓝天下，希腊的白色纯粹得近乎梦幻。

希腊位于巴尔干半岛南端，山峰秀美，岛屿棋布，海岸峻直利落，一色纯白，与这个神话之国的圣洁气质契合无间。它为典型的地中海气候，非常适宜植物生长，这里有世界上最丰富的植物品种，漫步山间谷地，到处是青翠可爱的柠檬和葡萄种植园，当丰收季节到来，一片姹紫橙黄，仿佛画境。如果你看过法国电影《碧海情天》，一定会为那如诗如画、迷人的海滨风景所陶醉。蔚蓝色的海水，辽阔的天空，起伏的山峦，其间星星点点的白色村庄，一切都让人心旷神怡。这就是希腊，一个遥远而有些陌生，有着悠久历史和灿烂文明的古老国度。

希腊悠久的历史，可上溯至3000多年前进入伯罗奔尼撒半岛的海伦人，他们建立起了克里特岛米诺斯文化。到公元前 800 年左右，希腊开始出现奴隶制城邦国家，公元前 5 世纪达到鼎盛，在哲学、政治、科学、戏剧、音乐、建筑等领域均留下了后人难以企及的高度成就，此后更借助于亚历山大大帝的传奇征战，将大半个世界带入了辉煌的希腊化时代。但是，从罗马帝国时代到 19 世纪的近两千年里，希腊一直为异族所统治，罗马人、东哥特人、威尼斯人、土耳其人轮流主宰着这片土地。1832 年，希腊终于宣布独立并成立希腊王国，但主权又在两次世界大战中重新沦陷，直到 1974 年成立希腊共和国，进入现代时期。时至今日，古希腊原有的建筑遗迹在岁月的流逝中日渐斑驳，留存下来的建筑形式更多表现了一种强烈的地域性和民族性的相融。与大海和群山为伴，希腊人有了广阔和坦荡的胸怀，表现在建筑结构上便是乡土的材料、明亮而简单的颜色。他们的房屋依地形而建，具有单纯的次序。这种约

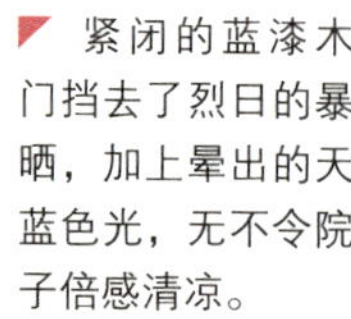

◤ 紧闭的蓝漆木门挡去了烈日的暴晒，加上晕出的天蓝色光，无不令院子倍感清凉。

◥ 外立面的白墙上，随意点缀着蓝色木门和窗。

◢ 自屋顶的平台眺望，不毛的丘壑，开阔的海洋都尽收眼底。

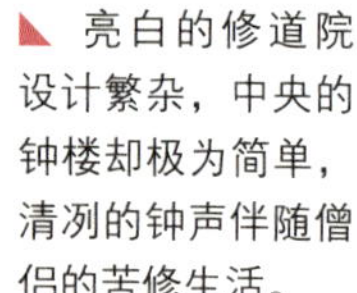

◣ 亮白的修道院设计繁杂，中央的钟楼却极为简单，清冽的钟声伴随僧侣的苦修生活。

◥ 修道院风格小屋，家具和门都以粗木制成，在这里静思是个不错的选择。

◣ 多样的布艺将原本质朴简单的房间布置得丰富多彩。

定俗成给予这个多山的国度以非常和谐的天际线，天与地在这里完美地结合，宁静而悠远，简朴而纯净。

希腊人从海洋和天空的不同色调中获得灵感，因此颜色或许最能传递希腊建筑那种只能意会的微妙感觉，强烈的色彩主题可以抵挡阳光造成的褪色，并且与体块简洁的建筑浑然一体——首先是象征纯洁与神圣的白色。在希腊，没有比无光的白色使用更广泛的了，石灰水反复涂刷着这个山地国度，年年岁岁，不知厌倦。在希腊旅行，你沿着山路盘旋并登高远眺，会发现越来越多的风景映入眼帘，星星点点的村庄星罗棋布，从一间小屋到整个村庄，从外立面到室内，单体的白色建筑汇成群体大面积的白色，具有一种震撼，显示希腊人一种自觉的群体审美的趋同，也是希腊人沉着、冷静的心灵的一种体现与象征。大面积的

白色有着丰富的肌理和材质、不同的尺度与层次，所以并不会让你觉得单调，相反在与天、地的对比中获得了非常自然的和谐。其次最常用的便是蓝色，这个水的颜色显得冷静而准确，被广泛应用于门、窗等部件上，与白墙搭配使建筑有一种稳定感。岛屿上礼拜堂的圆形穹顶通常也被涂成蓝色，给纯白的村落增添了一丝亮色，这应该也是一种“大统一小对比”的配色方法吧？还有赭色，这是地球陆地的颜色，在一些斑驳的墙体上，明亮的赭色更有一种岁月的沧桑，似乎见证了遥远的过去。这三种不同的颜色一起非常传神地刻画了希腊的精神内涵和生活主张。

在希腊，尤其是乡土建筑，过去是朴实的农夫或渔夫的居所，现在依旧保持了原有的谦逊和朴素。由一群建筑物组成的村庄通常坐落于山顶或邻近要塞，这样可以防止外敌的侵犯。层层叠叠的小房子，高悬的阳台和台阶此起彼伏，宛如一幅精美的图画。很多建筑依山而建，考虑到尽可能地使内部空间宽敞，楼梯通常建在房屋的外面，给简洁的外立面平添了几分建筑的趣味性。建筑中的细部如窗、阳台和楼梯栏杆都是用铁料精巧地锻制而成，这是当地特有的手工艺。山岩与建筑有时候紧密依偎，甚至山体也变成了墙体，依着山体的居室、床铺、楼梯，给人一种同山亲密接触的亲切和放松心灵的感觉。抚摸着岩石的肌理，听着海浪拍岸的涛声，似乎天堂和幸福触手可及。许多国外归来的希腊人带回了国际化的或奢华的生活方式，而更多的希腊人则向往朴素和理性的生活。他们通常选择僻静的小岛，远离喧闹，用原始的房子来表达他们最初也是最终的生活和艺术爱好：庭院中的九重菊、金银花散发着

◥ 鲜嫩的绿色让略嫌逼仄的空间顿时明亮起来，小碎花的桌布让餐厅格外温馨。

◣ 造型粗犷的木头梯子与其下的餐桌组合出奇妙的三角空间。

◢ 吧台光滑明亮的造型与房间整体的粗犷风格形成趣致的对比美感。

◥ 柔和自然色系充满时尚现代品位，希腊风格并不仅仅是古典传统。

◣ 惬意的私人起居角落，墙面的穿凿装饰带有拜占庭风格的特征。

沁人心脾的芬芳，凉棚传递着清风的吹拂，还提供了观看风景的开阔视野。这种浑然天成的居住观和生活态度对于我们现代都市人不无启发。

希腊建筑亦有着非常显著的地域特征。门，在希腊通常指向庭院，天井和房屋的出口时常紧闭保持着室内的私密，颜色多涂鲜亮的油漆，木制并装饰有花纹。尽管有些粗糙，却显得十分抢眼。它是希腊人热情好客的象征。窗，一般尺度都不大，通常是双层或百叶，可以共同抵挡午后的骄阳，这既是功能的需求，更衍变成一种装饰符号。顶棚，木制桁架居多，一方面保持着木梁自然的纹理，更多的时候被漆成湖蓝和墨绿，并就着墙面绘制的美丽花饰，这种斑斓的色彩在通常朴素的希腊建筑中形成一道别样的风景线。在室内，希腊人保持着朴素的生活观。地中海生活最突出的特点是让人感到时间的无限，希腊人也如此，其室内装饰风格很少时尚，实际上也没有刻意去设计，人们根据家居的特有功能和美感选用家饰，而并不费心去考

虑设计主题。使用乡土和天然的材料是希腊人的建筑观，有时候空间就像是从地面伸出或地上的雕刻一样，架子、橱柜和阳台都建在墙壁里，外面涂一层泥灰，并刷成白色。这些家具同房屋结合在一起，不仅使空间最大化，杂乱无章最小化，而且地面用当地产的叶岩或木板铺成，更有一种白色的石子铺地，从室外延伸到室内并做成花饰，让人称道。家具在不同时期尽管形式不一，但基本上抛弃了复杂与精细的线角，显露着木头自然的光泽与纹理，和粗糙的刷着白石灰的墙体在一起，不突兀地和谐共生着。希腊人手工编制的几何图形的地毯，使线条有些硬朗的房间有了些许的亲和与温暖，这种手工制品肌理丰富，质感清晰，给人强烈的归家感觉，这应该是很多乡土设计的源泉吧？

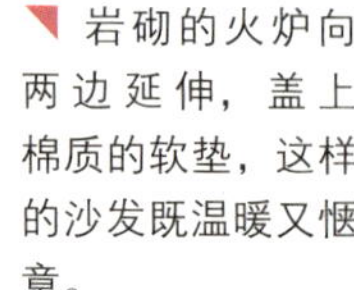

岩砌的火炉向两边延伸，盖上棉质的软垫，这样的沙发既温暖又惬意。

卧房由岩石直接砌成，白色的棉质褥垫似乎调和了石灰粉刷石料的单调。

蓝白的搭配是希腊的标志色彩。

◥ 红色的织物靠垫，十足的希腊风情。

◣ 虽然空间小，但纯白和玫瑰红的对比搭配依然令卧室显得清爽通透。

在希腊北部，家庭生活以火炉为中心，火炉是起居室里唯一的热源，起居室同时也被用作卧室，床通常放在壁炉西边。而在岛屿上，卧室与其他房间分开，床是圣洁的，要用家里最好的亚麻布和最漂亮的色彩来装饰。

现代主义汲取了希腊样式的灵感，创造出让人赏心悦目的搭配方案，大面积光洁的白色墙壁与一堵有着粗糙质感的墙面对比，朴实的木本色家具，手工编制的亚麻质地毯，一大幅抽象画或色块， 甚至再加上一些纠缠不清的东方小木栅，简单和放松的心灵感觉正是希腊式建筑的精髓。

Turkey 土耳其

▼ 圣索非亚大教堂是该城最亮的景点和世界上最伟大的标志性建筑之一。它主要由 Anthenius 和 Isidorus 设计。在查士丁尼统治时期的 536 年落成的这座教堂实际上是同一地址上的第三座教堂，第一座在 404 年被完全烧毁，第二座在 532 年的尼卡暴动中被付之一炬。

神秘的安那托利亚，《圣经》中亚伯拉罕的家乡，诺亚方舟最终的停靠之地，有海伦的特洛伊城，荷马的伊兹密尔，也藏着美狄亚的金羊毛，阿芙罗狄特的金苹果，是人类文明的发源地之一。在那片丰沃的两河黏土高原上，分布着众多当地人称之为“hüyük”的“丘”，一种由许多不同历史年代的城市遗址反复堆积而成的地层结构。每一个丘，都是一段上下五千年的传奇故事，记录下安那托利亚苍茫岁月里的前世今生，音容笑貌，宛如昨日。安那托利亚有人类活动的历史可以上溯至 100 万年前的洞穴人时代，而 1 万年前的居民则留下了线条优美的壁画和雕刻作品。到公元前 6250 年前后，安那托利亚已经出现了拥有

超过5000人口，有着完整的灌溉系统，街道、房屋和坚固城墙的城市雏形，盛产美丽的红黑色、闪着迷人金属光泽的陶器。安那托利亚的原始居民来源复杂，从最早的哈悌人、赫梯人到后来的弗里吉亚人和吕底亚人都曾经在这片土地上创造出了以巨大财富闻名于世的奇妙文明。

外来文明的影响开始于公元前800年左右，希腊人从爱琴海沿岸逐渐向东迁徙，和安那托利亚建立起了密切的商业来往，人们在沿海地区建起了许多兴旺的希腊化城镇。公元前546年，好战的波斯王居鲁士入侵安那托利亚，他的继承人大流士和薛西斯将波斯王国的势力从伊朗向西一直推进到爱琴海，其统治持续了200多年，直到公元前334年亚历山大大帝东征。亚历山大的脚步并未在此停留，在他的身后，安那托利亚迎来了整齐的街道广场、华丽的纪念柱、宏大的剧院和公共浴池，以及又一个200多年的动乱年代。公元前133年，安那托利亚成为罗马帝国

◥ 伊斯坦布尔苏莱曼清真寺。该寺是世界上最好的清真寺之一，16世纪奥斯曼帝国苏莱曼大帝统治时期，由土耳其最伟大的建筑家希南（Mimar Sinan）设计，施工始于1550年。

◣ 在土耳其，人们总能被建筑的雄伟和庄严所深深震撼。

ΜΡ
ΘΥ
ΕΙΡΗΝΗ

的小亚细亚行省。安那托利亚是罗马征服者英名的成就之地，庞培在此击败了米特拉达梯，尤利乌斯·恺撒发出了"Veni,Vidi,Vici（我来过、我见过、我征服）"的千古名言。崇尚共和与武力的罗马帝国版图飞速扩张，伴随而来边境蛮族的入侵和内部信仰的动荡，到公元330年，君士坦丁大帝决定建一座新的基督教首都来宣告罗马帝国的宗教变革。他声称神灵谕示他选择拜占庭，一个初建于公元前7世纪的安那托利亚小城，并将之改名为君士坦丁堡，帝国的中心从此东移，一个说希腊语、采用帝制并信仰基督的东罗马拜占庭帝国在公元395年正式建立，其统治又持续了一个千年。

安那托利亚位于欧亚大陆连接处的小亚细亚地区，是从远东穿越茫茫沙漠高原而来的丝绸之路的终点，自然而然成为东西方文明的交流中心，两河文明、美索不达米亚的观点和爱琴海的信仰在这里碰撞出了最明亮的火花，当然也伴随着无数的征战、杀戮和鲜血。自西向东的爱琴

◤ 16至17世纪易卜拉欣时期的瓷砖图案。

◣ 圣索非亚大教堂的镶嵌画，左侧是圣母马利亚怀抱基督耶稣。

◢ 考拉（Chora）修道院（现为Kariye博物馆）里描绘圣母马利亚去世时景象的镶嵌画。教堂屡经重建，现存的是皇帝埃里克修斯一世的岳母修建的。其墙上布满100多幅世界上最好的拜占庭镶嵌画，是艺术家Grand Logethete在1315—1321年间的作品。

文明曾经挡住了波斯王的进攻，却在横空出世的阿拉伯人面前黯然失色。公元 7 世纪起，阿拉伯文明就开始挟穆斯林的铁骑和《古兰经》入侵安那托利亚，并最终引发了破坏力十足的宗教战争——十字军东征，其结果便是拜占庭帝国的崩溃和伊斯兰教统治地位的确立，直到今天。公元 1453 年，奥斯曼土耳其人闪亮的弯刀劈开了罗马悠悠千年的明月之夜。这也是土耳其与安那托利亚关系的正式开端。

土耳其人（Turkey）古称突厥（Turk），在鞑靼语中意为“勇敢”，是公元 6 世纪左右从中亚腹地崛起的一支剽悍的游牧民族。突厥人是出色的骑手和士兵，因此深受阿拉伯哈里发的信任，成为帝国重要的军事力量，同时也归化为虔诚的伊斯兰信徒。但突厥人的野心远远不能满足于仅做阿拉伯人的长矛利剑，他们确信自己才是先知穆罕默德在尘世的合法继承人。奥斯曼一世在安那托利亚的比提尼亚建立了一个真正属于突厥人的国家——奥斯曼土耳其，公元 1394 年阿拔斯哈里发授予其“苏丹”王号，1453 年穆罕默德二世攻占君士坦丁堡，将之改名为“伊斯兰堡”——伊斯兰之城。奥斯曼土耳其帝国最强盛的时候，疆土跨越欧亚非三大洲，从维也纳到黑海，从阿拉伯半岛到北非埃及，

▼托普卡帕宫内苏丹年轻儿子们的房间。

◣托普卡帕宫内祈祷的休息区。

◥ 苏莱曼清真寺内苏莱曼大帝的妻子胡蕾苏丹的墓室。在装饰的深蓝色瓷砖上，用白色阿拉伯文字描绘了《古兰经》中的句子。

◣ 精美的门头雕饰极具雅致的美感。

统治着世界上六分之一的土地，土耳其苏丹成为全世界伊斯兰教徒的哈里发，将辉煌的王朝延续了400多年，直到1923年土耳其共和国成立。

今天的土耳其，是安那托利亚无可置疑的主人，拥有地中海和黑海之间的广袤土地，疆界从欧洲的巴尔干半岛东南部直抵亚洲的小亚细亚半岛大部，东部与伊朗接壤，东北临格鲁吉亚、亚美尼亚和阿塞拜疆，东南是叙利亚和伊拉克，西北则与保加利亚、希腊毗邻，北滨黑海，西隔地中海与塞浦路斯遥遥相望。土耳其的自然风光秀美，人文胜迹无数，由东向西分布着冰雪覆盖的高山，一望无际的草场，黄沙漠漠的荒原，清澈幽蓝的海水，郁郁葱葱的橄榄树林，温暖宜人的山泉，希腊人庄严的纪念柱，罗马人宏伟的水道桥，清真寺高耸入云的宣礼塔，大教堂遮天蔽日的穹顶，高原上盐柱般的洞穴居所，城中熙熙攘攘的集市…… 处处都是土耳其独一无二的美丽。

想要为土耳其的建筑装饰艺术归类是非常困难的一件

事。土耳其风格正如安那托利亚高原上层层叠叠的"hüyük丘"，又仿佛伊斯坦布尔城中包罗万有的"Bazaar大集市"，是一颗由数千年的岁月孕育淬炼而成的华美的钻石，每一个转折都有炫目的光彩，每一个侧面都是凝固的传奇，就像月光下托普卡帕宫、圣索非亚大教堂和蓝色清真寺构成的天际线在博斯普鲁斯海峡波光中闪烁的倒影。土耳其的建筑文明起源于"城墙和水"的希腊—罗马的范式，严整规范的城市规划、宽阔的道路，高大的公共建筑为安那托利亚的城市轮廓定下了基调，精致的三花墙、内向的庭院式居所、赤陶土手绘的外立面、熟铁的家具、松木的屋顶、华丽的石材浮雕和鹅卵石或马赛克镶拼技法也成为基本的装饰元素。拜占庭建筑是土耳其风格的第一个巅峰，罗马人穷尽国力建成了中世纪的财富之城君士坦丁堡，无数的喷泉和廊柱，剧院和广场以及埃及的方尖碑，让同时代的欧洲城市立刻沦为"村落"，而圣索非亚大教堂（St.Sophia Church）就是罗马皇帝权杖上最耀眼的明珠，开启了拜占庭穹顶风格的时代。

迄今仍被称为"世界上最美丽的教堂"的圣索非亚大教堂，是人类在宗教建筑上最伟大的贡献之一。其造价已经不可考，但仅仅查士丁尼一世对教堂内部的重修，就动用了32万两黄金和近1万名能工巧匠。仅仅在它的空间上，史无前例地发明了巨型的无支撑圆顶，其主圆顶高达55米，仅以拱门、扶壁、小圆顶等设计来分担穹顶的重量，连续的彩绘半圆拱高窗让人不由自主地仰望天堂的圣洁和美好。穹顶设计的力学需要，让传统的罗马神庙长方柱式结构让位于十字架型平面布局，一种全新的建筑风格由此诞生。

◤ 在安那托利亚的大街小巷，到处可见这种民居。
◥ 房子之间的间隔非常窄，密布着古老的石板路，让人恍惚间便回到了中世纪的时光。
◣ 宽出底层的二楼由木架支撑。
◢ 漂亮的多扇出墙式方形木窗户是外立面装饰的重点。

彩色的靠垫和织物为绿色的花园增添了新鲜的味道。

古老的图腾也许暗示着史前的些许奥秘。

而圣索非亚大教堂的内部装饰，则以巨幅的有色大理石镶嵌马赛克《圣经》故事拼图闻名于世。圣索非亚大教堂是如此的美丽，以至于最不可跨越的宗教隔阂在它的面前也只能妥协，穆罕默德二世用大炮轰开了君士坦丁堡的城门，却用最虔诚的姿势匍匐在她的神案之下，没有惯用的毁灭和拆除，伊斯兰教的领袖用最简单的方式为教堂换上了清真寺的名号，它依然是属于神的殿堂。

土耳其风格的第二个巅峰来自奥斯曼杰出的建筑师们。当君士坦丁堡变为伊斯坦布尔，伊斯兰风格也随着一系列的清真寺—经学院的建成而确立。奥斯曼人的建筑并非纯粹的阿拉伯风格，由于地域邻近的关系，波斯风格对之有着深远的影响，而原住民赫梯人和希腊人也在奥斯曼人的审美口味上留下了或多或少的痕迹。奥斯曼建筑师偏爱非常精细的线条和奢华的装饰，他们在砖瓦的烧制方面获得了令人惊叹的成就，其经典的绿松石色和番茄红色在今天的科技手段下都无法仿制。和阿拉伯人一样，奥斯曼人喜

用微型画和书法作为基本元素，繁复瑰丽的纹样被大量用于墙面、纺织品和家具器皿的表面，成为土耳其风格的标志性装饰。

奥斯曼建筑师的杰出作品当首推蓝色清真寺。这座建于 17 世纪初的清真寺是伊斯坦布尔的一个奇迹。“蓝色清真寺”的得名来自其内壁以2万多块蓝色调的彩釉瓷砖嵌饰，透过正中央圆顶的 260 扇彩色玻璃窗射入的光线，反射在蓝色的釉面上，放出奇幻迷离的光芒。如果从空中俯瞰，就会发现蓝色清真寺长方形的布局上，30 多个层次分明、大小不一的大圆顶，向直径达 41 米的中央主殿圆顶聚拢，规模庞大气度优雅，全世界独一无二的6座宣礼塔环绕四周，高挑尖耸，轻盈端严。粉红砾石和大理石的石柱和拱门勾勒出肃穆的庭院，洗礼用的喷水池宁静悠远，令人不由自主地屏息凝气起来。

◥ 穆拉德三世的房间。

◢ 建于 1578 年的房间，墙上装饰了许多 16 世纪的精美 Iznik 瓷砖。

◣ 托普卡帕宫（Topkapi Sarayi）内后宫一角。此宫在 16 至 19 世纪是奥斯曼帝国的皇宫，这个巨大的宫殿成为许多历史事件的演出舞台。

◥ 客房里只摆放了一个沙发，明黄色的布料显示了华丽的本质。

◣ 柜门上用颜料画出了独一无二的几何抽象图形。

除了宏大的宗教建筑和公共建筑，土耳其的民居同样是其整体风格不可分割的一个部分。土耳其的传统民居，尤其以被列为联合国世界遗产的萨弗瑞博鲁（Safranbolu）为著名。萨弗瑞博鲁旧称藏红花城，因盛产藏红花和其他香料闻名，同时也因皮革、铜器和铁艺著称于世。土耳其民居，最大的特点就是因地制宜，房屋地基均配合起伏不平的丘陵地势，高高低低自成韵律。基础部分用石材和土砖堆砌而成，房屋结构则采用安那托利亚林区的木材为主，漂亮的多扇出墙式方形的木窗户是外立面装饰的重点，红瓦尖顶白墙，有趣致高耸的烟囱，房子之间的间隔非常窄，密布着古老的石板路，让人恍惚间便回到了中世纪的时光。

教堂、清真寺、修道院、宫殿、城墙、广场、集市……安那托利亚的往事在岁月里一幕幕轻轻翻过，如同苏丹后宫中神秘馥郁的香气，在某一个午后偶然掠过鼻端，依然有撩动人心的媚惑。

Bulgaria 保加利亚

环绕四周的绿色墙面仿佛令人置身于生机盎然的大自然。

保加利亚人称他们生活的土地是“上帝的后花园”。传说有一次上帝给各国分配土地时，保加利亚人来迟了，地球上的土地都已被上帝分配完，保加利亚人向上帝陈述了自己的很多优点，恳求上帝给他们一片土地，让他们能生存繁殖下来。上帝说：那好吧，就把我的后花园给你们吧。这是一片花园般美丽而丰沃的土地。这里有馨香的玫瑰，诉说着关于这片土地的浪漫与温情；这里有香浓的酸奶，给人们带来了美味和健康；这里还有醇香的葡萄酒，和着羊皮笛，竟然也能体味到“葡萄美酒夜光杯”的意境。

保加利亚位于欧洲巴尔干半岛东北部，与罗马尼亚、塞尔维亚、马其顿、希腊和土耳其接壤，东部濒临黑海。

在这片面积仅有11万平方千米的国土上，高耸入云的山峰、切入地下的河谷、广阔无际的沼泽、低矮的平原，可以说几乎所有的地形它都拥有了。虽然它没有欧洲屋脊阿尔卑斯山脉一样连绵不绝的雪山，但却有雄伟而奇特的巴尔干众山；同时，它又有欧洲经过国家最多的河流——多瑙河经过其边境，在碧波荡漾中，衬托出一片花草肥美的谷地。

保加利亚是通往欧洲、亚洲、非洲的必经之路，是沟通黑海、亚得利亚海、爱琴海的重要枢纽，更是东西方文化的交汇之处。三千年来，这里一直是兵家必争之地，多种文化的碰撞也造成了多民族的交融。无数民族在这里起起落落，上演了一幕幕传奇。在保加利亚的国土上至今保存着包括新石器和青铜器时期在内的各个历史时期的各种建筑。公元前4世纪在“玫瑰之都”卡赞勒克就出现了带有壁画的特拉吉亚建筑。在罗马统治时期，这里又深深地留下了罗马建筑的印迹，如首都索非亚的圣格奥尔基教堂

◥ 紧邻亚历山大·涅夫斯基大教堂的索非亚议会广场。

◢ 水面上的保加利亚，更彰显其勃勃生机。

◣ 保加利亚最大最著名的东正教教堂特奥托科斯教堂（Dormition of the Theotokos Cathedral），位于黑海西岸的瓦尔纳，建于1886年。

木材在保加利亚的传统民居中有着主导地位。

保加利亚的民居颇有民族特色，淡黄色是其常用的颜色。

就是公元 9 世纪下半期的建筑。保加利亚还留有早期拜占庭时代的许多建筑，如索非亚的圆顶十字教堂圣索非亚教堂，它是 5 至 7 世纪的建筑。对那些不怎么了解索非亚历史的人来说，很难相信这座城市有多么古老，但是考古发掘却显示，这是欧洲最古老的城市之一，那些从古代就屹立在这里的雄伟建筑与周围的环境已融为一体，处处提醒我们那些已经逝去的文明。

公元 7 世纪第一保加利亚王国建立，此后保加利亚建筑艺术在斯拉夫人文化和古保加利亚人文化的基础上，以及在其他民族建筑和拜占庭建筑的影响下得到发展。这一时期的建筑物有高大的特点，建筑遗址主要是 9 至 10 世纪的城墙、石头宫殿和教堂。在拜占庭统治时期（1018—1185 年）和第二保加利亚王国时期（1185—1396 年），这里处于封建割据状态，建筑艺术风格发生了变化，宫殿和贵族官邸及城堡成了主要的模式，其规模较小，但很坚固。著名的保存至今的城堡有维丁城堡和阿森诺夫格勒城堡（11

至13世纪）；这一时期教堂建筑逐渐减少。与此同时，建筑物内外越来越大量开始绘制壁画，用石头、砖和陶瓷做成了华丽装饰，如在索非亚附近鲍亚纳村的鲍扬教堂（11至13世纪），在阿森诺夫格勒的教堂（11至12世纪）和在内塞伯尔老城的建筑。

14世纪末土耳其人占领保加利亚后，保加利亚的大量建筑物遭到破坏。一直到1878年，土耳其人统治时期，这片土地上建起了许多清真寺、客栈、浴室、桥梁等，村镇面貌发生了巨大变化。但在18世纪中期开始的民族解放复兴时期，保加利亚建筑业出现了繁荣。这一时期，在老山、中山、罗多彼山、皮林山、斯特兰贾山和黑海沿岸形成了具有保加利亚民族特点的建筑群，如特尔诺沃等城市建起了教堂，出现了具有较高艺术水平的雕刻圣像的墙壁，在贝尔科维查和特里亚夫纳建起了钟楼。这一时期最著名的建筑物是里拉寺庙建筑群和特尔诺沃附近的普雷奥勃拉任

◥ 木质的转椅现代感十足。

◣ 红色的手工地毯给白色基调的浴室带来了一抹亮色。

◥ 木材充斥在空间中，质朴的纹理赋予空间柔和温雅的韵味。

◣ 铁艺的床具造型简单，花纹自然流畅。

斯基寺庙。在民用住宅方面，19 世纪 30 年代，有钱人建起了大房子，房间内用雕刻的壁柜做装饰，用雕刻或图案装饰天花板，房间内外墙壁均有壁画。

1878 年独立后，保加利亚招聘了不少外国建筑师帮助在索非亚、普罗夫迪夫和其他几个大型商业和行政中心设计并建设了西方式样的公共建筑物，包括 2 层或 3 层的花园洋房等。到 19 世纪末，更多的建筑师活跃在建筑舞台上，20 世纪头二十年，在保加利亚出现了一些模仿式建筑物，如国民议会大厦、什普卡寺庙、索非亚亚历山大 · 涅夫斯基大教堂、保加利亚农业银行大楼、索非亚伊凡 · 伐佐夫剧院等。这一时期还建造了具有保加利亚民族风格的建筑，如索非亚东正教事务会馆、索非亚矿业银行、索非亚哈里（市场）等。在第一次世界大战到第二次世界大战期间，在索非亚还建起了保加利亚人民银行大楼、保加利亚饭店和索非亚音乐厅、布尔加斯工商会等。

第二次世界大战后，社会主义的保加利亚出现了建筑业发展的高潮。居民点的改造逐渐消除了贫富之间的巨大差别。1948—1960 年间建造了保共中央大厦（现在的社会党大楼）、电力部大楼、巴尔干饭店（现在的希尔顿饭店）、索非亚中央百货商店、工业部大楼和部长会议大厦、保加利亚通讯社大楼等。在保加利亚现代建筑艺术中具有特殊重要地位的是把黑海海滨建设成了配套设施完善的旅游和疗养区。20 世纪 60 至 80 年代，索非亚郊区还建起了配套齐全的大学生城和具有时代感的索非亚文化宫。这一时期的建筑体现了现实主义的建筑风格和大众化特点，居民住宅以砖混结构居多，房顶多是红瓦坡形，非常富有特色。90 年代以后，各地东正教堂、天主教堂、新教教堂和清真寺先后建起，还修复了犹太教寺庙。和西欧的花园式与东

◥ 砖木元素的应用给人干净、简约的体验。

◢ 宽敞明亮的客厅，窗外一片绿意，室内温馨舒适。

◣ 保加利亚的新民宅建筑灵活地运用了古建筑艺术的元素。

室内的装饰创造出富有诗意的保加利亚建筑效果。

奇妙的横梁造型颇有工业风格的气质。

欧的多彩有些不同，这些建筑颇有民族特色，色彩多以淡黄、淡粉红等浅淡的暖色系为主，装饰有各种木头雕饰，家家户户都种植了玫瑰等植物，花儿爬墙而出，将院子内的芳香延展至室外，成为保加利亚最让人欣喜的风景。

那硕果累累的葡萄园让人流连忘返；那弥漫花香的玫瑰谷令人陶醉……然而，保加利亚又何止只有这些，它是一个充满活力的国度，拥有着足以让它自豪的历史。古老的建筑消无声息地散落在城市的各个角落，又错综复杂、神秘般地交织在一起，纵然是在生机盎然的“上帝的后花园”，也照样能唤醒人们古老的记忆，浸润人们柔软的心田。

Romania
罗马尼亚

19 世纪维多利亚风格的起居间，对纹样装饰的使用达到了几乎纵情的地步，天花板、墙面、地毯，形成华丽的家庭风格，但简洁的手工家具又巧妙地调和了气氛。

罗马尼亚地处欧洲东南部，巴尔干半岛的东北部。它的国土从古至今历经多次的变化，今天的疆界，从北部顺时针方向，依次和乌克兰、摩尔多瓦、保加利亚、塞尔维亚、匈牙利接壤。喀尔巴阡山脉呈半环形盘踞国土中部，支流纵横欢快歌唱的蓝色多瑙河沿着南部国界向东汇入黑海，化成一片宁静秀丽的碧波环绕着的绿树葱茏鲜花盛放的土地。

无论从人文历史，还是从自然地理来看，罗马尼亚都是一个深具矛盾美感的国度。而由这份极度相反的精神特质混合结出的美丽果实，却又非常奇妙地停驻在中世纪的时光里，历经岁月冲洗依旧光芒不减。虽然不是一上来就

夺人眼目，但实在经得住细细品味，和被誉为罗马尼亚三大国宝：高耸入云的喀尔巴阡山脉、蜿蜒流转的多瑙河和水光如镜的黑海一样，具有恒久不变的风韵。罗马尼亚人对大自然的美有着出乎常态的热衷。这里令人印象深刻的自然风光很大程度上得益于它晴雨分明的气候条件。因为恰好处在地中海气候和大陆性气候的过渡地区，罗马尼亚一年中有许多的日子晴朗无云，阳光灿烂，偶然的落雨总是爽爽快快地即来即去，毫不拖泥带水，山川草木的轮廓总是因而显得清晰明亮，色彩艳丽，生机勃勃。在世世代代的罗马尼亚人心里，没有什么比天赐的自然美景更加具有生命的意义和归属感，这也深刻地影响了他们的审美取向：一切取自天然，绝不神秘或抽象。

从中部山区的罗马修道院到黑海明珠康斯坦察的希腊城堡，从多瑙河畔的夏宫到西吉什瓦拉的吸血鬼城堡，处处风光旖旎。不过虽然临海，又有着便利的河道，但其实

◥ 可爱的彩色小房子，音维斯提（Ivesti）常见的吉普赛民居。

◢ 小巧的吉普赛民居混杂了多重装饰风格和手法，可见于罗马尼亚的拉塞利亚（La Ciuria）。

◣ 吉普赛人住宅的屋顶，木制的凉廊完全是装饰性的。

◥ 按照 18 世纪的风格陈列的简朴卧房，风格中可以看到瑞典古斯塔夫时代的影子。

◣ 18 世纪晚期的苏格兰风格室内装饰，淡淡的绿色调子让人想起高地风光。

罗马尼亚从地理意义上来说，却是个非常封闭的国家，连接外部的主要通路一般只有两条：从东北部穿越摩尔多瓦到乌克兰再至俄罗斯；从南部跨过多瑙河前往保加利亚通向西欧。这种地理环境上的矛盾也是今天罗马尼亚人文景色依旧保有古老中世纪风格面貌的重要原因。

罗马尼亚一词，最早出现是在公元 6 世纪左右的拜占庭时期，意为罗马人的地方。14 世纪时，这里出现了几个独立的公国，16 世纪后被奥斯曼土耳其苏丹征服。1859 年，摩尔多瓦和瓦拉几亚两公国合并为一个国家，正式称为罗马尼亚，但附属于奥斯曼土耳其帝国。1877 年 5 月 9 日，罗马尼亚宣布独立。其后有部分土地为俄罗斯所占，经过多次的合并重组，终于在 1918 年成为统一的民族国家。细数罗马尼亚纷繁复杂的历史传承，就更能一窥其独特的矛盾之美的源头。罗马尼亚的主要居民数罗马尼亚人，他们的祖先可以追溯到原住民族达契亚人。约在公元前 1 世纪，

这块土地上出现了第一个中央集权的奴隶制国家——达契亚帝国。公元106年达契亚被罗马人征服，成为罗马帝国的一个行省，此后达契亚人和罗马人逐渐融合，形成了新的民族。到几百年后罗马帝国败亡时，当地人的自我认同已经是说拉丁文、信奉东正教的罗马人后代了。而另一支对罗马尼亚深具影响的文明，就是只占人口极少数的吉普赛人。著名的流浪民族吉普赛人，据考证是在公元8至10世纪从印度出发，经中东到欧洲，在拜占庭时期进入巴尔干半岛，再进入西欧，并散布到南北美洲及世界各地的。罗马尼亚是吉普赛人历史比较长久，人数比较集中的聚居地，在这里吉普赛人被称为罗姆人，他们给罗马尼亚的社会和艺术都涂上了浓墨重彩的一笔。这种多元在罗马尼亚的历史上留下了深刻的烙印：既不屑与小国结盟，也不愿意做大国的附庸，尊崇正统罗马血统的光荣，又极其热爱自由，在夹缝中也始终艰难地保持着特立独行的姿态。

◥ 敞亮的起居空间，随意摆放的各种画作和手工雕塑，一种艺术的气息自然流露。

◣ 随意的布置，让卧房处处流露出主人生活的痕迹，有种愉快亲密的空气蔓延其中，旧的玩具和许多其实已经不再使用的物品都是重要的道具。

◥ 温暖明亮的黄色厨房，趣怪的瓷器和锅具组成轻快的乐曲，木桌和藤编椅面正是乡村的感觉。

◣ 大红色系的墙面和纺织品搭配当地的陶器，这种温暖的调子让餐厅的一角格外舒适。

罗马尼亚的建筑风格，正是它历史的镜像，忠实地记录下岁月的变迁。作为曾经的东罗马版图中心，罗马尼亚的主流建筑里，拜占庭风格成为最重要的线索之一。连续多变的尖穹顶组合形成更为广阔而有变化的空间，宽敞的柱廊环绕前后，长方形或正方形的布局显得庄重大气，精美的墙面大理石和马赛克装饰，还有线条简朴色彩艳丽的壁画，即便是小型的建筑也予人俯伏的敬畏之情。首都布加勒斯特是此类建筑风格最完全的展示地。有“欢乐之城”美名的布加勒斯特，在15世纪已经成为拥有40多座教堂、修道院的名城，城中树木成林绿草如茵，一丛一丛掩映在河畔湖滨的蘑菇顶建筑，组成美不胜收的恬静景色，共和国宫、历史博物馆、国家艺术博物馆、村庄博物馆等大型公共建筑更是堂皇庄重，是不可多得建筑珍品。此外，在阿尔杰什的修道院和圣尼古拉大教堂，波耶纳利古堡同样为拜占庭风格的建筑提供了丰富的注解。

吉普赛风格更是让罗马尼亚的建筑风格具有独树一帜的资本。多数人认为居无定所四处流浪的吉普赛人决不可能有什么建筑风格的呈现，但事实上，在罗马尼亚他们的确有自己的风格。那些仿佛来自梦境的房子，有着不真实的样式和异常鲜艳的色彩，是世界上所有建筑风格的组合，却不受任何一种风格限制。完全根据一家之主的品位，来自他周游世界的记忆，无论是样式、大小、色彩都是难以理解难以归类的奇妙组合，展示出近乎于疯狂的灵感思路，仿佛一个巨大的影像和符号的拼图：印度风格的屋顶搭配新古典主义外墙；法国化的中式宝塔；失去比例的双重或多重斜屋顶，仅仅为了装饰而没有任何实用功能；大量的尖顶、光芒状的装饰线条、动物造型的铁艺……多重混合的矛盾元素组成了罗马尼亚的吉普赛民居风格，能够非常清晰地看到东欧文明对于吉普赛人生活的影响和浸润，实

◥ 经典的地中海风格，拱券形的天花由小块的当地石材铺成，用鲜艳的蓝色马赛克铺地，这样的浴室实在特别。

◢ 高大的拱顶，塑造出轻盈明亮的卧室空间，小块的地毯和瓷砖配合粗犷的墙面显得气韵不凡。

◣ 没有任何多余装饰的大厅，仅仅依靠扇形窗和古典的瓷砖地面，以及戏剧化的鹿头和鹿角营造出独特的品位，好像这里再多一件墙面装饰或家具都显得过剩了。

◥ 建于17世纪的普罗凡寇大宅（Provencal house）保存着原有的格局，底楼是一个别致的起居空间，墙上斑驳的线条来自曾经装饰过的镶板和镜子，别有一番意趣，夏天凉爽宜人，冬天则温暖舒适，可做临时暖房。

◣ 三棵树一样的雕塑在这个时尚空间里显示出一种非比寻常的艺术姿态，带着某种来自比利时的情调。

在是一种别无分号的奇妙体验。

矛盾的罗马尼亚、停留在中世纪的罗马尼亚、活色生香的罗马尼亚…… 哪一个才是真实的罗马尼亚？或者都是，又或者都不是。就像他们引以为豪的19世纪诗人埃米内斯库（Mihai Eminescu，1850—1889）在他著名的爱情长诗《金星》中所吟唱的那样：“你们生活在狭隘的人世上，任凭命运摆布，而我在我的世界里，感到永生不灭。”

Hungary
匈牙利

◤ 可爱的彩色陶罐成为室内的主角。

著名的匈牙利诗人裴多菲曾写下这样的句子：我们那遥远的祖先啊，你们是怎么从亚洲走过漫长的道路，来到多瑙河边建立起国家的？公元前3世纪兴起在中国北方的匈奴，以游牧为生，跃马草原荒漠，留下许多传奇。在秦汉之后，匈奴分裂，其中有一支西迁，被史书记载“如决堤的洪水”进入多瑙河流域，推动了欧洲民族的大迁徙。虽然匈奴的王国很快消弭于无形，但匈奴人的后裔却留了下来，融合在今天的欧洲各民族之中，尤其在匈牙利，许多人和裴多菲一样，认为自己的国家和血统与匈奴有着密切的关系。这种想法虽然已难确考，却又着实引人入胜，以至于文人墨客也频频发出浪漫的寻根吟唱。

今天的匈牙利，盘踞在欧洲中心的喀尔巴阡盆地，西临奥地利，北靠斯洛伐克，东接乌克兰、罗马尼亚，南部与南斯拉夫、克罗地亚、塞尔维亚、黑山、斯洛文尼亚为邻，多瑙河和蒂萨河穿流而过，境内大部分地区是舒缓的平原和丘陵，1200多个大小湖泊星罗棋布，其中还有欧洲最大的淡水湖巴拉顿湖，气候舒适，山川秀美，静美迷人。特别值得一提的是它丰富的温泉资源，虽然是个没有出海口的内陆国，但是匈牙利的每一寸土地下，都有温润的泉水涌流，几乎随便打个洞都可以发现泉眼，仿佛一个“漂浮在温泉海洋上的国家”，正如茜茜公主赞叹的那样，这个国家山川美丽人民善良。

匈牙利有据可考的历史始于罗马帝国时期，当时它是罗马人的潘诺亚行省。之后便是混乱的传说，有人认为匈

位于匈牙利东北部的埃德尔尼（Edeleny）庄园。位于匈牙利首都布达佩斯南方的塞格尔耶斯（Sergelyes）庄园。

匈牙利著名景区巴拉顿湖（Balaton）西侧凯斯特海伊市（Keszthely）的费斯特第彻宫（Festetics Palace），1745年开始建造，巴洛克风格。它过去是费斯特第彻家族居住的地方，目前则是匈牙利藏书最多最丰富的图书馆之一。

◥ 现代的家具组合出沉静的优美。

◣ 室内简单的装饰反衬出田园风格。

牙利的名字来源于阿提拉建立的强大却昙花一现的匈奴王国，也有人认为来自突厥的欧诺古尔人建立了的最初王国，其后日耳曼人、阿瓦尔人、斯拉夫人各部落、摩拉维亚人都先后染指这块土地，最后是马札尔人结束了这一段纷争的历史。马札尔人是来自乌拉山西麓、伏尔加河畔的东方游牧部落，他们在公元896年左右开始定居在多瑙河盆地的潘诺尼亚平原上，建立了匈牙利王国的雏形阿尔帕王朝。公元1000年，大公伊什特万一世接受天主教，并由教宗加冕成为匈牙利第一位国王。

在之后的发展中，匈牙利同时受到波兰、波希米亚、神圣罗马帝国、蒙古金帐汗国、奥斯曼土耳其帝国的影响，发展出独特的文化特色，介乎东西方之间的风格气质让匈牙利在15世纪成为欧洲文艺复兴的一个艺术文化中心。17世纪后期，热爱艺术的哈布斯堡王朝成为匈牙利的统治者，匈牙利随后成为奥匈帝国的一部分，在经历过二次世界大战的动荡变迁后，匈牙利恢复独立，开始进入现代化的发

展阶段。

匈牙利在欧洲建筑史上有着卓然的地位，被誉为“东欧巴黎”和“多瑙河明珠”的布达佩斯是匈牙利最值得骄傲的建筑艺术中心。布达佩斯坐落在多瑙河中游两岸，早先是两座隔河相望的城市，右岸是布达，左岸是佩斯，日久天长就被人们合并称为布达佩斯。布达佩斯建城始于公元 89 年，罗马帝国在多瑙河畔设立了阿奎库城堡作为潘诺尼亚行省的省会，居民主要是凯尔特人，罗马人在布达建造了宏伟的总督宫殿和城市雏形。蒙古人的入侵一度摧毁了布达城，匈牙利国王贝洛四世又在 1247 年重建，随后在国王马蒂亚斯的统治时期兴盛一时，涌现出许多文艺复兴风格的华美建筑，1526 年土耳其人的统治带来了奥斯曼土耳其风格，而到 18 世纪的哈布斯堡时代，大量的巴洛克风格和新古典主义风格建筑拔地而起，堆叠的历史塑造出布达佩斯迷人的城市风貌。

◥ 室内清爽的蓝来自于多瑙河的色彩。

◣ 温暖的布艺装饰和墙上随意挂放的镜框，让小小的客厅充满家庭的味道。

◥ 利用沙发的红色将两个空间意向地区隔开来。

◣ 由于是餐厅，繁琐的细节装饰也让人感到一种温暖的关怀。

布达佩斯城市布局别具匠心，建在右岸岩石上的布达的皇宫和渔人堡与建在左岸平原上的佩斯议会大厦等公共建筑依着多瑙河错落相映，为高地设计的街道网在城市广场最终交汇，城堡道路依稀可见罗马人留下的水道、兵营和土耳其人留下的浴室，与自然河景协调统一。最突出的是中世纪的哥特风格，无论教堂、宫殿、排屋都是轻盈飞升的气势，营造出圣洁美妙的氛围，而19世纪玛丽亚·特雷沙皇后带来的巴洛克风格花园，又处处展示出宏伟华丽的圆顶和匀称堂皇的装饰手法。城市标志物链子桥，又称伊丽莎白大桥，建于1839年，是连接布达和佩斯的永久性建筑，是匈牙利人民献给茜茜公主的礼物，雕塑精美，结构精致，是匈牙利人的骄傲。

这种独特的混合风格在著名的马加什教堂上有着最集中的体现：被大作家雨果形容为“石头交响乐”的大教堂，始建于14世纪，最初设计结构是哥特风格，却一直没有完工，曾经被土耳其人赋予了某些奥斯曼风格细节，又随着

阳光明媚的午后，沐浴后在扶手榻上小憩阅读是最惬意不过的享受。

巴洛克风格的风靡一时，增添了不少对称的弧形线条和装饰图案，最终在19世纪晚期竣工，由著名建筑师基本还原了哥特的廓形，但却已经不是纯粹哥特对称的布局，钟楼到了教堂的一角，饱满曼妙的修饰细节少了凝重，多了生动，而是独属于匈牙利的哥特了。

除了优雅的古典风格之外，在布达佩斯到处可见的还有一种特殊建筑风格：匈牙利新艺术风格，20世纪初匈牙利的几位建筑师将传统的匈牙利民族图案和东方的装饰元素和当时盛行的新艺术风格混合后使用在城市的建筑物上，最容易的辨识点就是拥有匈牙利民间图案的瓷釉面砖装饰着建筑的外表，而且类似的图案可以在建筑物的内部找到。

浪漫和狂想，自由与反抗，激烈情感是匈牙利人血液中的气质，却和沉静优美的城市，风光秀丽的山河融为一体，仿佛李斯特的舞曲，萦绕耳边，永恒不息。

气质沉静的红砖堆砌出朴素的卧房，木制的大床很有中古时代的感觉。

温馨的起居空间，用石膏和木制的浮雕作为墙面装饰的亮点，细致的洛可可风格古典家具和铁艺吊灯为空间增添了很多趣味。

Slovak
斯洛伐克

◤ 道路两侧的铸铁街灯直耸着冲向天空，灯头华美的弧形卷叶造型，极富装饰性。

如果地球上真有一个地方可以承载童话的美丽，那斯洛伐克必定是其中之一，因为它青翠的万年山谷，也因为它坚固高耸的千年城堡，还有那些世世代代发生在英俊勇敢的骑士和温柔腼腆的女郎之间浪漫、曲折、坚贞，并且一定有着美满结局的爱情故事。

斯洛伐克深藏在欧洲中部腹地，北部与波兰接壤，东部与乌克兰为邻，南边连着匈牙利，西面则是奥地利和捷克。斯洛伐克地区的人类活动痕迹最早可以追溯到公元前 25 万年的远古时期。公元 5 至 6 世纪，西斯拉夫人开始在此定居，而斯洛伐克之名便是来源于斯拉夫，意为“光荣”。830 年建立的大摩拉维亚帝国是斯洛伐克历史上最早的国家，10

世纪以后，斯洛伐克一直为匈牙利人所统治，后来又成为奥匈帝国的一部分。1918 年斯洛伐克与紧邻的捷克联合成立共和国，经历了第二次世界大战和“冷战”时期的几番动荡更迭，直到 1993 年，捷克斯洛伐克联邦解体，斯洛伐克才最终成为一个独立的国家。

漫长历史进程中无数次的聚散离合，使得斯洛伐克无论是在自然地理，还是人文艺术、风土民情上都很难和其他邻国，特别是和捷克划出清晰的分界线，这种混合性在建筑和装饰艺术上表现得尤为明显：早期的城堡要塞忠实地保卫着古罗马帝国东部边疆的通商道路，10 世纪之后的宗教建筑和世俗建筑也都带有不容错认的日耳曼和撒克逊化的罗马式艺术特征，如波霍利、斯比施或者高塔特拉等城镇中的房屋；其后，14 世纪兴盛一时的卢森堡王朝为斯洛伐克引进了当时最受欢迎的哥特风格，位于科希策市的圣阿尔日贝塔大教堂被认为是欧洲建筑中最耀眼的宝石；

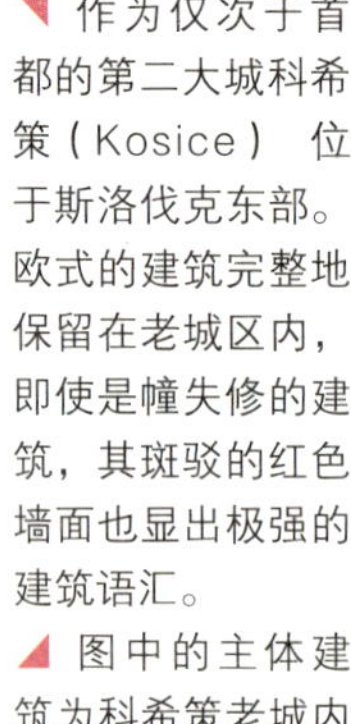

作为仅次于首都的第二大城科希策（Kosice）位于斯洛伐克东部。欧式的建筑完整地保留在老城区内，即使是幢失修的建筑，其斑驳的红色墙面也显出极强的建筑语汇。

图中的主体建筑为科希策老城内具有新巴洛克风格的大戏院，前方花园中呈现的是巴洛克雕塑的遗迹——圣母马利亚圆柱。

小巷中，各种美丽的欧式古典建筑会不经意的出现，镜头下的就是这么一个路过的酒庄的门扉，瞧那门楣处的铁艺葡萄架与招牌融合，仿佛也成了建筑的一部分。

◥ 绿色的空间，沉稳而深邃。

◣ 入口被设置成绿色，那斑驳的色彩有时让人误以为是天然的苔藓，极具特色。

16 世纪，意大利人又在这块土地上刮起了一阵文艺复兴的艺术风潮，格拉萨勒阔维奇宫（目前被用作总统官邸）就是巴洛克建筑风格在本地最杰出的体现。

种种这些各具特色的艺术流派最终取得了典型的斯洛伐克式妥协，并与当地的民间建筑元素相融合，逐渐发展成一种独特而美丽的新风格——由于群山环绕的地形而导致的某种一定程度的封闭性，这种风格的各个发展时期都被完美地保存了下来，直到今天，成为世界文化遗产的一部分。 要体会斯洛伐克的建筑之美，城堡是最好的着眼点。虽然学者们一直也没有弄清楚远古时期的斯洛伐克人到底为什么会热衷于修建如此多大规模的城堡，但是可以肯定的是，在首都布拉迪斯拉发的城堡中，最古老的部分在古罗马恺撒时代就已经以箕踞之势俯瞰多瑙河的滔滔急流了，又经过了近千年的反复重建和扩建，才形成如今让人叹为观止的建筑群落。1113 年建造的斯皮思城堡，是现存中欧中世纪最大的城堡，作为波罗的海重要贸易通道上的一座皇家要塞，它气度沉稳：坚固的石墙，高耸的塔楼，堂皇的四方形宅院，细部装饰古老的皇室徽号，有种不形于外、威严厚重的神圣气质。与之类似的，还有大型庄园和高楼，显示出旧日中欧贵族不可一世的奢侈排场。

除了城堡庄园之外，独立的宗教社区和世俗集镇也是斯洛伐克最具特色的建筑风景线。线条简单优雅的古典主义形制，辅以巴洛克风格的局部装饰，以小型广场为中心的街道规划整齐，功能齐备，房子都有着可爱的赭红色屋顶和简朴的粉色系列外墙，似乎几百年来都没有太大的改变。始建于 14 世纪的哥特式小城巴尔代约夫是其中典型的代表，城中有保存完整的城堡、哥特式和文艺复兴时期的建筑，圣伊吉迪亚斯教堂和市政厅都属国家级古迹，林木荫天，绿草如织，漫步其中仿佛置身童话王国，令人见而忘忧，流连忘返。

就建筑本身而言，木结构在斯洛伐克拥有超然的地位，

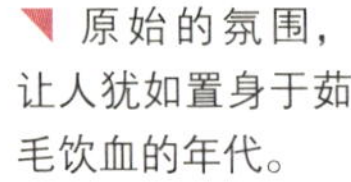

◥ 原始的氛围，让人犹如置身于茹毛饮血的年代。

◢ 空间内的陈设品满足了营造 17 世纪文艺复兴时期环境的需要。

◣ 餐厅营造了岩洞的空间效果。

◥ 空间利用布艺和墙纸的纹样延伸了观者的视觉。

◣ 沙发的纹样和墙面相呼应，给空间增加了沉稳气息。

这种习惯的形成与大自然赐予的丰富多样的木材资源密切相关。在宗教建筑方面，无论是东正教、天主教或者新教，都留下了众多大小不一的木结构教堂，其建筑风格异常简朴，特别注重与自然环境和地理风貌的协调性，有些教堂甚至不使用钉子和金属材料，完全依靠精密的隼接构建。民居方面也是一样，斯洛伐克人对山野气质的偏好更是发挥到了极致，他们用云杉树原木盖房子，用木瓦来装饰，斜屋顶则使用混合了黏土的干草层层铺垫，无论是在材质还是功能上都完美演绎了返璞归真的建筑理念。

在室内装饰细节方面，宗教题材的设计元素得到了相当广泛的使用，圣婴、圣神的形象经常出现在墙面装饰、雕像、绘画和织物主题中，而属于皇室贵族的华丽细节同样也是斯洛伐克室内设计的重点。经历了卢森堡王朝和哈

◤ 室内色彩相当艳丽，家具细节上体现出贵族的奢华。

布斯堡王朝的浸润，阴柔唯美的哥特式线条、堂皇富丽的巴洛克式修饰，还有纤细妩媚的洛可可式造型统统被保留并融合使用，打造出独特的奢侈靡丽感觉，实实在在的琳琅满目，美不胜收。斯洛伐克人非常偏爱蓝色，各种粉彩色也很受欢迎。反映世俗生活题材的木雕作品是当地特有的工艺品，来自民间艺人巧手之作的趣致陶器、金属和草编类艺术品，对于打造斯洛伐克风格也可以起到画龙点睛的作用。

◢ 墙面和天花的装饰十分精致，营造出具有冲击力的视觉效果。

Czech 捷克

◤ 捷克乡村的普通民居。

捷克位于欧洲大陆的中部，是一个小巧美丽的内陆国家，北面与波兰接壤，东部与斯洛伐克为邻，西南两边是德国和奥地利，东部的摩拉瓦河—奥得河走廊，自古以来就是北欧与南欧之间的通商要道。捷克地处一个三面隆起的四边形盆地中，在北部克尔科诺谢山、南部舒玛瓦山和东南部的波希米亚—摩拉维亚高原之间，是丰饶的拉贝河平原，有比尔森盆地、厄尔士山麓盆地和南捷克湖沼地。不过人们更习惯于简单地把捷克分为两大地理区，一半是西半部的波希米亚高地，一半是东半部的喀尔巴阡山地，无论哪一边都是山峦秀丽、森林密布、土地肥沃，伏尔塔瓦河蜿蜒流淌，千年仿佛一日，风光明媚如画。

公元623年建立的萨莫公国是捷克连贯性历史的起源，考古证明当时这里已经成为东、南、西三方的商业贸易中心。随后大摩拉维亚帝国成立，确立了整个地区的一体化统治。但公元10世纪时，帝国崩溃，居民分为捷克和斯洛伐克两个部分，虽然主体都来自斯拉夫人，但他们从此成为两个独立的民族。捷克人随即建立了捷克王国，普热米斯尔公爵家族的统治在起起伏伏中一直持续到公元14世纪，甚至将波兰和匈牙利并入版图，成为中欧最强大的国家。公元1310年捷克王国的政权转到卢森堡王朝的手中，1346年即位的查理四世是王国至今最富盛名的统治者，他不但让捷克从一度的衰落中振兴，并且因为在1355年成为神圣罗马帝国皇帝而让捷克的统治版图再度扩张。1526年哈布斯堡王朝成为捷克的统治者长达400多年，直到1918年奥匈帝国瓦解，捷克斯洛伐克共和国诞生，持续到1993年又一次分为捷克和斯洛伐克两个独立国家。

◥ 刻意保留的有些斑驳的墙面，仿佛岁月流转的沧桑和温暖。

◢ 曲线流丽的家具产生奇妙的和谐感。

◣ 壁炉前的闲聊时光最是惬意，而款式各异的沙发和靠椅是装饰的重点。

◥ 粗砺的地面暗示这个空间是个有故事的地方。

◣ 朴拙的木质桌椅散发出家的味道。

走过悠悠的岁月，捷克这幅美丽的画卷从一群凯尔特人开头，刀耕火种沧海桑田，与浪漫瑰丽的波希米亚部落一路相随，之后又被奥得河和第聂伯河流域的斯拉夫人大开大阖地点染上光荣和勇气的华彩，就这样慢慢地明亮生动起来，成就了今天人们心目中的欧洲奇葩，而这朵花的中心就是布拉格，一座金色的建筑博物馆之城。作为捷克最古老，也是主要的城市，布拉格建城超过千年，城区依山傍水，分布在 5 个丘陵上面，伏尔塔瓦河波光粼粼穿城而过，十几座大桥横跨河上，雄伟壮观。城内罗马式、哥特式、文艺复兴式、巴洛克式、洛可可式、古典主义的各色建筑保存完好，鳞次栉比，窄窄的中古街道，闪闪发光的宫殿和教堂，笔直高耸的尖塔，金巷里五颜六色的小屋是活生生的童话世界，鹅卵石砌成的老城广场上有古老的机械大钟，整点时基督与十二使徒的雕像就列队旋转，时间在这里仿佛被魔法凝固成一个个音符，但当魔法棒举起，随时就会有旋律飞扬而出，奏出一曲关于捷克的一切过往

的乐章。

布拉格的源头，存在于它的罗马风建筑，建于公元10世纪前后的圣伊日教堂、维谢格拉德的圣马丁圆顶厅、老城区的圣十字圆顶厅和商铺，都有着古拙大方的圆筒外形和浑厚的圆顶。哥特风格则是城市中世纪的岁月纪念，早期的圣安内什卡修道院、犹太教堂（Staronova synagoga）简朴修长的线条带来教徒虔诚的信心。伯利恒教堂（Betlemska kaple）、老城议政厅 (Staromestska radnice) 都是哥特鼎盛时期的代表作，其中最著名的则是华丽威严的圣维特大教堂 (Katedrala sv.Vita)，它位于布拉格城堡内，1344年在罗马风的基础上开始改建，最后竟然到1929年才真正完工，拥有三个壮观的钟楼，主楼高达97米，教堂内外布满精美的雕刻、绘画和彩色玻璃装饰，气韵飞升圣洁华美。另一处不得不提的哥特式教堂，是举世无双的人骨教堂。据传14、15世纪欧洲的黑死病和连年战争导致尸骨堆积如山，教士们于

◥ 轻柔温馨的淡绿和蓝色带出浓浓的田园气息。

◣ 可爱的卧室，地上铺设着斑斓的波希米亚风格的织毯，手工刺绣的靠垫和床幔传递出浪漫的气息。

◥ 皮面镶包的墙面、粗布质感的沙发、石材的壁炉，处处展现山林风格。

◣ 热烈的玫红，小小的起居空间就有了画廊的味道，是印象派前期的色彩。

是生出用人骨来装饰教堂的想法。4 万多副人骨被精心地堆积成烛台、祭坛、圣杯、门楣、拱门、吊灯、十字架、王冠、垂带等装饰。最令人惊叹的，是这些骨骸均是成年男人的，而且上面有钉眼和被刀剑刺过的痕迹，惊悚中的平静，传递着出于尘土归于尘土的释然。到了晚期，捷克的哥特建筑则以火药门、石屋为典型，装饰风格已经逐渐显现出丰满生动的文艺复兴风格特色。

布拉格的 16 世纪被完美地保存在布拉格城堡内，贝尔韦德尔宫被认为是阿尔卑斯山北部地区最美丽的文艺复兴建筑，稍后的巴洛克时代丰姿绰约，美轮美奂的雕塑、喷泉和精致的园林，演绎出布拉格的黄金岁月，巴洛克风格也因此成为 18 世纪后期捷克在宗教和民间建筑最受欢迎的风格样式，圣米古拉什教堂、大主教宫殿和遍布城区、郊外的众多贵族城堡花园就是最佳的证明。19 世纪之后，古典主义、拿破仑一世风格、新哥特风格等先后在布拉格留下了各自的痕迹，清真寺的尖塔、罗马的凯旋门、中国的

利用落地窗缓解空间的厚重感。

亭子等各种异域元素也都出现在布拉格的公园里，使城市呈现出别样的迷人风光。

诗人曾说，布拉格是一块块石头组成的交响乐，那么最合适聆听的时间就一定是春天。每年 5 月德沃夏克的 b 小调大提琴协奏曲混合着迷人的花香飘荡在老城广场的上空，漫步在湿润的鹅卵碎石铺就的街道上，仿佛转头就能邂逅有着迷人绿眼睛的托马斯，虽然米兰·昆德拉那“生命中不可承受之轻”的感喟早已成为许多人的共鸣，但特丽莎和托马斯的爱情却始终是他们心中决不愿舍弃的隐秘梦想。布拉格属于春天，正是捷克的镜像。

老房子经过岁月的沉淀，总能让人回味无穷。

竹椅在老房子中非常和谐，体现出闲适自在的逍遥。

Austria
奥地利

◤ 斯蒂芬大教堂（Stephansdom）是维也纳的心脏和灵魂。这座奥地利最优秀的和最大的哥特式建筑，建于1230—1263年。除了1683年奥斯曼土耳其人兵临城下，和1809年拿破仑大军再次破门而入之外，斯蒂芬大教堂几乎没有受到过战争的威胁。对大教堂最大的破坏是在1945年第二次世界大战最后的几天，教堂遭受炮火袭击而起火，其屋顶、铜钟、管风琴和大部分玻璃窗画被毁于一旦。修复工作从1948年开始，一直延续到1962年，全奥地利的九个联邦州分别负责修复大教堂的某一个部分。

奥地利和音乐艺术仿佛有夙世姻缘，据称当地居民大多数都能够演奏超过一种以上的乐器，无论高山还是湖泊，城市还是乡村，剧院还是街道，教堂还是市集，随时随地有曼妙的旋律萦绕耳畔，它在清晨森林的雾霭中，在望弥撒的圣歌里，也在中人欲醉的咖啡香里，如同呼吸须臾不离。这个缘分甚至在奥地利的自然地理风貌上也有足以夸耀的证据：整个国家形状就像一把小提琴，横卧在欧洲的心脏地带。虽然国土面积只有83871平方千米，但是东临斯洛伐克和匈牙利，西接瑞士和列支敦士登，北靠德国和捷克，南连意大利和斯洛文尼亚，连贯东西四通八达。奥地利是个美丽的内陆山国，山地面积占了全部国土面积的三分之二以上。东阿尔卑斯山脉自西向东横贯全境，大格罗克纳山海拔3797米，是全国最高峰，东部是富饶的维也纳盆地，多瑙河穿流而过，北部有着冰雪般澄净的博登湖和新锡德尔湖，布尔根兰的潘诺尼亚低地平原可见大片开满鲜花的田野。每一处地貌都有着鲜明的调性，却又在迷人的大自然里浑然一体，婉转起伏，汇成一部交响乐，见过听过，

绝难忘怀。

被音乐充满的奥地利是深得造物主眷顾的。回顾它的历史，虽然也曾有离散忧伤，但最后却成为最优美的圆舞曲，让人一想起来，便忍不住从心底开始微笑。奥地利的人类居住历史，最早可以追溯到公元前10000年到8000年间的旧石器时代，沿多瑙河流域已经出现定居人群。公元前400年，凯尔特人在这里建立了诺里孔王国。公元前15年这里成为罗马帝国的一个行省。公元2世纪后，罗马帝国逐渐式微，哥特人、巴伐利亚人、阿勒曼尼人先后定居于此，基督信仰也得以确定。

公元955年，奥托大帝将这片土地分封给巴伐利亚的一支显贵巴本贝格家族，公元996年，奥地利的名称第一次出现在历史的记载中。巴本贝格家族建立了独立的公国，其平静的王朝一支持续到公元13世纪，维也纳、萨尔茨堡等名城在此期间先后建成。1276年神圣罗马帝国击败了巴本贝格公国。1278年哈布斯堡王朝长达640年的统治开始，通过征战和联姻，建立了强大的奥匈帝国。1804年，拿破仑的崛起让奥匈帝国连遭重创，陷入混乱。1914年帝国继承人被刺，引发第一次世界大战，1918年战败后奥匈帝国瓦解，奥地利成立共和国。其后，在经历了一系列痛苦的德国吞并、二次大战和战胜国瓜分托管后，1955年，奥地利正式恢复独立主权，进入现代时期。

就文化和艺术传承而言，地处欧洲中心位置又历经沧海桑田变迁的奥地利风格，远远不是简单的几句话能够概括说明的，但如果用罗马、日耳曼和斯拉夫的文明框架来对照，可以基本得到奥地利风格的由来和呈现样式的描述

◤ 卡尔教堂（Karlskirche），始建于1715年，由冯·厄尔拉赫（Johann Bernhard Fischer von Erlach）设计。这座巴洛克风格的建筑不仅具有罗马的印迹，甚至带有一点拜占庭的风格。

◥ 建于1872—1883年的市政厅，由冯·施密特（Friedrich von Schmidt）设计，灵感来自于佛莱芒的哥特风格。

◣ 方济各会教堂（Franziskanerkirche），位于维也纳内城区，建于1603—1611年，由道姆（Bonaventura Daum）设计，外观为文艺复兴式，内部为巴洛克式。

◢ 方济各住院会教堂（Minoritenkirche），正式名称为“雪中圣母意大利教堂”，是一座法国哥特式教堂。

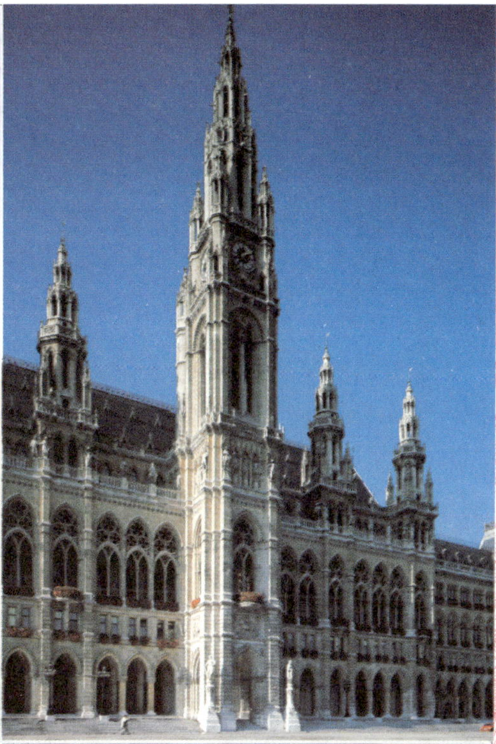

洛可可风格的会客大厅，由几组款式不同的沙发和扶手椅分隔出自然的功能区域，鲜艳的色彩和家具纤巧流利的线条，让空间弥散着19世纪欧洲宫廷的奢靡气氛。

建于1694年的赫森道夫宫（Hertzendorf Palace）中的长廊，奢华的装饰极富洛可可情调。

和理解。奥地利风格反映在建筑上，首先是公元4世纪出现在村落中形制简单的小教堂，尖顶白墙，毫无雕饰的朴拙十字架，至今仍是奥地利建筑中最具吸引力的代表，与美丽如画的山野相映生辉，令人见之忘俗。

奥地利第一批值得推崇的大型古典建筑出现在公元11至13世纪中叶，属罗马式风格。这一时期巴本贝格王朝在维也纳和萨尔茨堡大兴土木，建成了大批气势恢弘的教堂、宫殿和城堡。其中最具典型意义的是克恩滕·古尔克大教堂和施泰尔·马克塞考大教堂。罗马式的建筑宏大庄严，喜在某一细部作装饰，因此雕塑成为这一时期教堂的标志性元素，常常出现在教堂的大门口。同时，罗马式细密画也是这一时期重要的建筑装饰手法，萨尔茨堡诺恩贝格修道院的湿壁画就是其中的杰作之一，除此之外，当时的人们还喜爱用精致的工艺品来做画龙点睛的陈设，兼具宗教和审美含义，如维尔滕的双耳圣餐杯。

公元13世纪下半叶，出了名的热爱艺术的哈布斯堡王朝成为奥地利的新主人，高度的审美品位和富足奢华的国力给奥地利的建筑艺术注入了强大的推动力，这一时期奥

地利出现了大量流传后世的华美建筑群落。首先出现的是威严庄重的哥特式大教堂，以托钵修会和西迪斯显教团在弗里萨赫、利林费尔德、海利根克罗伊茨、茨维特尔等地建的教堂为典型代表。奥地利哥特式建筑有一个明显的地方特征：大多数教堂为主侧厅一样高的厅堂式建筑，如最为人熟知的维也纳圣斯特凡大教堂，无论是大殿还是钟楼以及在规模或造型上都充分体现出无限飞升的哥特风格的核心元素。而广泛使用祭坛绘画和雕塑作为内部装饰则是哥特风格的另一个特色，面容亲切柔美的圣母像是奥地利地区常见的传统装饰元素。

公元 17 世纪之后，受文艺复兴运动的影响，奥地利建筑装饰艺术进入了一个辉煌发展的顶峰时期。巴洛克风格成为审美的主流，但在自由流畅之中，更多地融合了德国人严谨的形制和拜占庭风格的异域风情，圆顶尖塔，显示出奥地利建筑风格外部简洁有序，注重与环境协调，而内部则极重装饰，富丽堂皇精致纤巧的特色，其中尤以十四圣徒朝圣堂、罗赫尔修道院、圣查尔斯教堂、贝尔维第宫、美泉宫、奥地利国家公园等为典范。十四圣徒朝圣教堂正厅和圣龛为三个连续的椭圆形，拱形天花也与此呼应，教堂内部上下布满用灰泥塑成的各种植物形状装饰图案，金碧辉煌，与平淡中显出亲切的外观产生强烈的对比之美。罗赫尔修道院的天花板上布满的飞翔天使浮雕，精美的圣母、天使、圣徒雕像，以及大量的色彩艳丽的花草雕饰同样令人惊奇赞叹。位于首都维也纳西南部的美泉宫作为王室夏季离宫，是不亚于巴黎凡尔赛宫的古典花园式宫殿，兼具巴洛克和后期纤巧的洛可可风格，宫殿极尽华美，来

◤ 中规中矩的布置是舒适和整洁的代名词。

◥ 别出心裁地用各种帽子来装饰窄小的过道，让略显沉闷的空间变得活泼起来。

◣ 精致的图书馆是家人朋友小聚聊天的地方，维多利亚式的书桌和织锦沙发是风格的要素。

◢ 原色的手工皮面椅子让人眼前一亮。

◥ 木石结构的朴素民居，致密的粗织地毯。桌上灿烂的盆花，无一不展示出奥地利田园牧歌生活的精华所在。

◤ 桌面和地毯都选用了大幅的繁花图案，让比较小的起居空间不觉局促反显温馨，随意摆放不配套的椅子各具特色。

◣ 温馨的小餐厅，粉红是主要的色调，墙壁上精致的陈列龛，显出主人的细腻心思。

自波希米亚的水晶灯、手绘瓷砖、壁炉，镶嵌着檀木、象牙、金粉的东方风格房间和规划对称，处处点缀着精致的雕塑，奇花异草数不胜数的花园共同打造出王朝的盛世。而自始至终被哈布斯堡王朝当作皇宫使用的霍夫堡宫，在600多年的历史中是整个帝国的统治中心，其中的宫室和花园经过历代扩张，已经成为欧洲各种建筑风格的见证人，无论是罗马式、哥特式，还是巴洛克、洛可可、新古典主义，在这里都奇迹般地和谐一体，交相辉映。

“山峦叠嶂的土地，江河之畔的国家……”，赞美诗般悠扬的国歌唱出奥地利的骄傲：青翠葱茏白雪盖顶的阿尔卑斯山，碧蓝如洗宁静不波的湖泊，落日的余晖中闪着金光的古堡，原野上鲜花绿草间图画一样的村落。伴着清晨黄昏教堂里传来的钟声，奥地利连绵的山川、森林、溪水、清风，还有散落其间的宫殿、教堂、城堡、花园，如同串串音符跳跃奔涌，沿着蓝色的多瑙河流淌出欢乐的旋律。这正是奥地利风格的灵魂，莫扎特的力量——当魔笛的曲子响起，人人都开口歌唱。

图书在版编目（CIP）数据

古罗马的荣光 / 心安工作室编著．—上海：上海科学技术文献出版社，2017
（寻找生活：环球风格阅览）
ISBN 978-7-5439-7380-0

Ⅰ．①古… Ⅱ．①心… Ⅲ．①室内装饰设计—世界—图集 Ⅳ．①TU238.2-64

中国版本图书馆 CIP 数据核字（2017）第 079605 号

责任编辑：孙 嘉
封面设计：周志英

古罗马的荣光
心安工作室 编著
出版发行：上海科学技术文献出版社
地 址：上海市长乐路 746 号
邮政编码：200040
经 销：全国新华书店
印 刷：河北环京美印刷有限公司
开 本：650×900 1/16
印 张：13
版 次：2022 年 1 月第 2 次印刷
书 号：ISBN 978-7-5439-7380-0
定 价：58.00 元
http://www.sstlp.com